电气与可编程控制器综合应用实训

DIANQI YU KEBIANCHENG KONGZHIQI
ZONGHE YINGYONG SHIXUN

郭丙君 ◎ 编著

中国电力出版社
CHINA ELECTRIC POWER PRESS

内容提要

本书是《电气与可编程控制器原理及应用》的配套用书。全书按照主教材的章节顺序进行编写，由三部分组成：第一部分为习题及解答，内容为教材《电气与可编程控制器原理及应用》的课后习题与思考题的解答；第二部分为实验指导，其中包含了13个精选的实验，内容覆盖电气控制、西门子S7－200 PLC的应用；第三部分为课程设计与应用实例，详细介绍了PLC设计的内容、方法、过程，同时说明了实际工程的应用，最后给出了课程设计的案例以及课程设计的参考选题。

本书可以作为本科电气工程类、机电一体化类和应用电子类等相关专业的“现代电气控制”或类似课程的教学配套用书，也可以作为各类成人高校相关专业类似课程的配套用书。对于从事PLC应用的工程技术人员，本书也是一本实用的参考书。

图书在版编目（CIP）数据

电气与可编程控制器综合应用实训/郭丙君编著．—北京：中国电力出版社，2016.6

ISBN 978－7－5123－8963－2

Ⅰ．①电…　Ⅱ．①郭…　Ⅲ．①电气控制器-教材②可编程序控制器-教材　Ⅳ．①TM571.2②TM571.6

中国版本图书馆CIP数据核字（2016）第037252号

中国电力出版社出版、发行

（北京市东城区北京站西街19号　100005　http：//www.cepp.sgcc.com.cn）

北京丰源印刷厂印刷

各地新华书店经售

*

2016年6月第一版　2016年6月北京第一次印刷

787毫米×1092毫米　16开本　9.75印张　220千字

印数0001—3000册　　定价**28.00**元

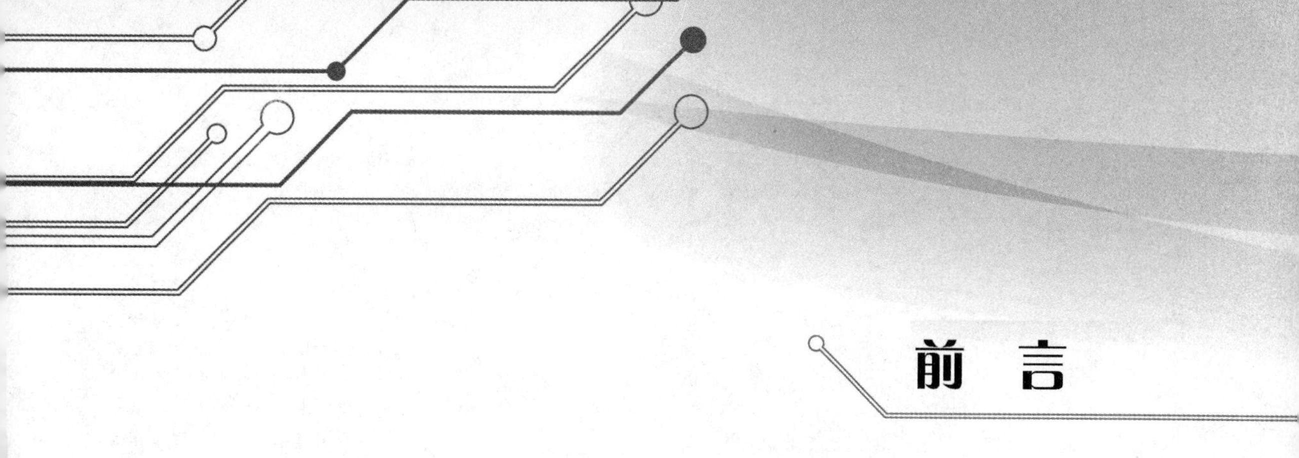

前　言

《电气与可编程控制器综合应用实训》是与《电气与可编程控制器原理及应用》一书相配套的教学用书。

《电气与可编程控制器原理及应用》作为高等院校本科电气工程类、机电一体化类和应用电子类等相关专业的“现代电气控制”或类似课程的教材，于 2012 年出版后，被全国很多本科院校或专科层次学校选作教材，并受到广大读者的好评。但是，在使用过程中，由于没有与之相配套的实训教材及教学辅助用书，因此给组织实训教学和学生课外学习带来不便，尤其是在各个学校培养卓越工程师的过程中，需要不断提高学生的实践能力，十分需要相应的实训教材。希望通过本书，可以巩固读者所学过的知识，提高读者分析问题和解决问题的能力，进一步提高读者的实践能力。

本书依据主教材的章节顺序进行编写，由三部分组成：第一部分编写了相应的全部习题的参考答案；第二部分为实验指导，包含了 13 个精选的实验，内容包含电气控制、西门子 S7 - 200 PLC 的应用；第三部分为 PLC 控制系统设计方法、设计步骤、应用案例，最后给出了设计案例和设计参考选题。

本书可以作为本科电气工程类、机电一体化类和应用电子类等相关专业的“现代电气控制”或类似课程的教学配套用书，也可以作为各类成人高校相关专业类似课程的配套用书。对于从事 PLC 应用的工程技术人员，本书也是一本实用的参考书。

在编写本书的过程中，编著者参考了国内外许多专家、同行的教材、著作和论文。在此一并致以诚挚的谢意！

由于编者水平有限，书中难免存在不足之处，敬请广大读者批评指正。

编　者

前言

目录

前言
第1章 习题与思考题 …… 1
1.1 常用低压电器 …… 1
1.2 电气控制基本线路与设计 …… 2
1.3 PLC 的组成与工作原理 …… 7
1.4 PLC 基本指令 …… 9
1.5 PLC 功能指令 …… 14
1.6 PLC 控制系统设计 …… 20
1.7 PLC 通信与网络技术 …… 24
1.8 组态软件及其在 SCADA 系统开发中的应用 …… 26
第2章 实验指导 …… 29
实验1 三相异步电动机正、反转控制（电气控制） …… 29
实验2 三相异步电动机Y—△自动降压启动控制（电气控制） …… 31
实验3 熟悉 S7－200 CPU 及编程软件 …… 33
实验4 三相异步电动机正、反转控制 …… 36
实验5 三相异步电动机Y—△降压自动启动控制 …… 38
实验6 喷泉的模拟控制 …… 40
实验7 数码显示的模拟控制 …… 42
实验8 舞台灯光的模拟控制 …… 45
实验9 交通灯的模拟控制 …… 47
实验10 四节传送带的模拟控制 …… 49
实验11 液体混合的模拟控制 …… 52
实验12 机械手的模拟控制 …… 54
实验13 温度的检测和控制 …… 58
第3章 可编程控制系统设计与应用实例 …… 62
3.1 PLC 应用系统软件设计与开发的过程 …… 62
3.2 应用软件设计的内容 …… 62

3.2.1 功能的分析与设计 …… 63
3.2.2 I/O信号及数据结构分析与设计 …… 64
3.2.3 程序结构分析和设计 …… 65
3.2.4 软件设计规格说明书编制 …… 65
3.2.5 用编程语言、PLC指令进行程序设计 …… 65
3.2.6 软件测试 …… 66
3.2.7 程序使用说明书的编制 …… 66
3.3 PLC程序设计的常用方法 …… 66
3.3.1 经验设计法 …… 67
3.3.2 逻辑设计法 …… 67
3.3.3 状态分析法 …… 68
3.3.4 利用状态转移图设计法 …… 69
3.4 PLC程序设计步骤 …… 72
3.4.1 程序设计步骤 …… 72
3.4.2 程序设计流程图 …… 73
3.5 PLC应用系统设计的内容和步骤 …… 74
3.5.1 系统设计的原则与内容 …… 74
3.5.2 系统设计和调试的主要步骤 …… 75
3.6 PLC应用系统的硬件设计 …… 76
3.6.1 PLC的型号 …… 76
3.6.2 PLC容量估算 …… 79
3.6.3 I/O模块的选择 …… 80
3.6.4 分配输入/输出点 …… 81
3.7 PLC在全自动洗衣机控制系统中的应用 …… 81
3.7.1 全自动洗衣机控制系统的控制要求 …… 81
3.7.2 全自动洗衣机控制系统的PLC选型和资源配置 …… 82
3.7.3 全自动洗衣机控制系统的程序设计和调试 …… 82
3.7.4 全自动洗衣机控制系统PLC程序 …… 83
3.8 PLC自动生产线控制系统中的应用 …… 87
3.8.1 自动生产线穿销钉单元 …… 87
3.8.2 自动生产线检测单元 …… 90
3.8.3 自动生产线加盖单元 …… 93
3.9 PLC在自动焊接线中的应用 …… 95
3.9.1 自动焊接线控制系统的控制要求 …… 95
3.9.2 自动焊接线控制系统的PLC选型和资源配置 …… 97
3.9.3 自动焊接线灯控制系统程序设计 …… 99
3.9.4 触摸屏GOT程序设计 …… 102

3.9.5 开机调试 …… 104
第4章 课程设计要求、设计方法及参考题选 …… 105
4.1 概述 …… 105
4.2 课程设计的目的和要求 …… 105
4.3 课程设计任务、工作量与设计方法 …… 106
4.3.1 设计任务书 …… 106
4.3.2 设计方法及步骤 …… 106
4.4 课程设计举例 …… 108
4.4.1 设计任务 …… 108
4.4.2 设计过程 …… 109
4.5 课程设计参考题选 …… 122
4.5.1 课题一：专用镗孔机床的可编程序控制系统设计 …… 122
4.5.2 课题二：气流除尘机可编程序控制系统设计 …… 123
4.5.3 课题三：千斤顶油缸加工专用机床可编程序控制系统设计 …… 125
4.5.4 课题四：机械手可编程序控制系统设计 …… 126
4.5.5 课题五：深孔钻可编程序控制系统设计 …… 128
4.5.6 课题六：全自动双面钻可编程序控制系统设计 …… 130
4.5.7 课题七：成型磨床可编程序控制系统设计 …… 131
4.5.8 课题八：专用榫齿铣可编程序控制系统设计 …… 132
4.5.9 课题九：拣球装置的可编程序控制系统设计 …… 132
4.5.10 课题十：喷水池装置的可编程序控制系统设计 …… 133
附录A 特殊寄存器（SM）标志位 …… 135
附录B S7-200错误代码 …… 140
B1 严重错误代码和信息 …… 140
B2 运行系统程序问题 …… 141
B3 编译规则违反 …… 141
附录C S7-200中断事件说明 …… 143
附录D S7-200仿真软件的使用 …… 144
D1 硬件设置 …… 144
D2 生成ASCII文本文件 …… 145
D3 下载程序 …… 145
D4 模拟调试程序 …… 145
D5 监视变量 …… 146
参考文献 …… 147

第1章　习题与思考题

1.1　常用低压电器

1-1　单相交流电磁铁的短路环断裂或脱落后，在工作中会出现什么现象？为什么？

答：铁心抖动，交流线圈的电流会变大，甚至烧坏交流线圈。原因是：没有短路环时，其磁通是正弦的，是过零点的，其吸力也过零点，从而导致了铁心的抖动。

1-2　三相交流电磁铁要不要短路环？为什么？

答：不需要。三相交流电磁铁的三个吸力是在一个恒定部分加三相对称的吸力，相互差 120°，合成以后可以消除三相对称的吸力的，恒定部分就是三倍了。

1-3　两个端面接触的触点，在电路分断时有无电动力灭弧作用？为什么把触点设计成双断口桥式结构？

答：两个端面接触的触点，在电路分断时无电动力灭弧作用，设计成双断口桥式结构后就有了电动力灭弧作用，示意图如图 1-1 所示。

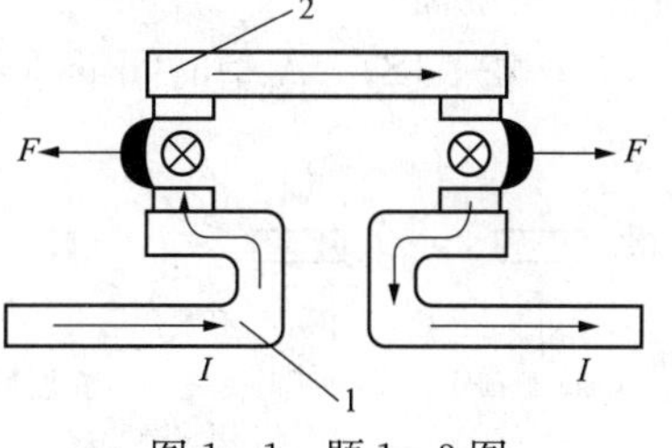

图 1-1　题 1-3 图

1-4　交流接触器在衔铁吸合前的瞬间，为什么在线圈中产生很大的冲击电流？而直流接触器会不会出现这种现象？为什么？

答：根据磁路欧姆定律：磁通等于磁势除以磁阻，交流接触器在衔铁吸合前的瞬间气隙很大的，磁阻就很大，在交流接触器线圈电压不变的情况下，交流接触器线圈的磁通是不变的，这样导致了在线圈中产生很大的冲击电流，而直流接触器只有直流电阻，其电流只和线圈电压及直流电阻有关，不会产生冲击电流。

1-5　交流电磁线圈误接入直流电源，直流电磁线圈误接入交流电源，会发生什么问题？为什么？

答：交流电磁线圈误接入直流电源以后，由于只有直流电阻，因此会有很大的电流，烧坏电磁线圈，而直流电磁线圈误接入交流电源，由于没有短路环，因此会有很大的震动，从而引起电磁线圈的电流增加，也会烧坏电磁线圈。

1-6　线圈电压为 220V 的交流接触器，误接入到 380V 交流电源上会发生什么问题？为什么？

答：线圈电压太大，会有很大的磁通，其励磁电流很大，会烧坏电磁线圈。

1-7　试从结构、控制功能及使用场合等方面比较主令控制器与凸轮控制器的异同。

答：当电动机容量较大、工作繁重、操作频繁、调速性能要求较高时，往往采用主令控制器进行操作。由主令控制器的触点来控制接触器，再由接触器来控制电动机。这样，触点的容量可以大大减小，操作更为轻便。

主令控制器是按照预定程序转换控制电路的主令电器，其结构与凸轮控制器相似，只是触头的额定电流较小。

1-8 从接触器的结构上，如何区分是交流还是直流接触器？

答：主要是通过有无短路环来区分的。

1-9 中间继电器和接触器有何异同？在什么条件下可以用中间继电器来代替接触器启动电动机？

答：中间继电器的基本结构及工作原理与接触器完全相同，中间继电器实际上是小容量的接触器。但中间继电器的触点对数多，并且没有主辅之分，各对触点允许通过的电流大小相同，多数为允许通过的电流 5A。因此，对工作电流小于 5A 的电气控制电路，可以用中间继电器代替接触器实施控制。

1-10 交流接触器在运行中有时在线圈断电后，衔铁仍掉不下来，电动机不能停止，这时应如何处理？故障原因在哪里？应如何排除？

答：原因可能是衔铁被卡住了，应该排除异物。

1-11 熔断器的额定电流、熔体的额定电流和熔体的极限分断电流三者有何区别？

答：熔断器的额定电流大于或者等于熔体的额定电流，熔体的极限分断大于熔断器的额定电流。

1-12 JS7-A 型时间继电器的触点有哪几种？画出它们的图形符号。

答：有瞬动触点、延时闭合动合触点、延时断开动断触点、延时断开动合触点和延时闭合动断触点，如图 1-2 所示。

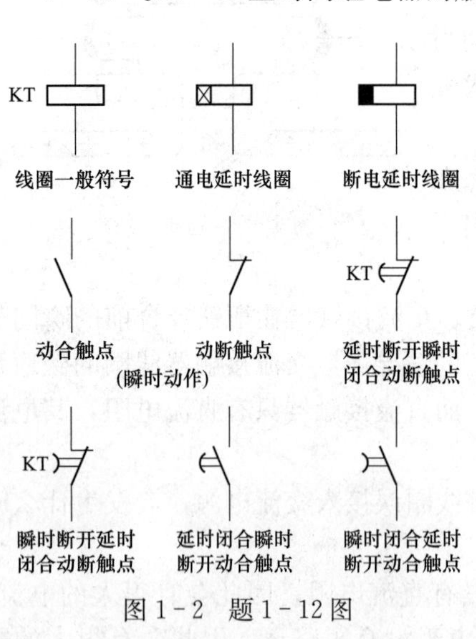

图 1-2 题 1-12 图

1-13 电动机的启动电流很大，当电动机启动时，热继电器会不会动作？为什么？

答：电动机的启动电流很大，当电动机启动时，热继电器不会动作，其原因是启动时时间很短，热继电器由于热惯性不会动作。

1-14 既然在电动机的主电路中装有熔断器，为什么还要装热继电器？装有热继电器是否就可以不装熔断器？为什么？

答：主电路中装有熔断器可以实现短路保护，热继电器可以实现过载保护，作用是不同的，因此不可不装熔断器。

1.2 电气控制基本线路与设计

2-1 自锁环节怎样组成？它起什么作用？并具有什么功能？

答：由接触器（继电器）自身的动合触点来使其线圈长期保持通电的环节叫“自锁”环节。

2-2 什么是互锁环节？它起到什么作用？

答：在控制电路中利用辅助触点互相制约工作状态的控制环节，称为“互锁”环节。

设置互锁环节是可逆控制电路中防止电源线间短路的保证。

2-3 电器控制线路常用的保护环节有哪些？各采用什么电器元件？

答： 电器控制线路常用的保护环节有：短路保护（熔断器），过电流保护（过电流继电器），过载保护（热继电器），欠电流保护（欠电流继电器），过电压保护（过电压继电器），欠电压保护（欠电压继电器），超行程保护（行程开关或者接近开关）以及相应的物理量保护（如压力、流量、速度、温度等保护，分别采用相应的压力、流量、速度及温度继电器进行保护）。

2-4 在有自动控制的机床上，电动机由于过载而自动停车后，有人立即按启动按钮，但不能开车，试说明可能是什么原因。

答： 原因可能是由于热惯性，温度还没有冷却，热继电器还没有复位。

2-5 试设计电气控制线路。要求：第一台电动机启动 10s 后，第二台电动机自动启动，运行 5s 后，第一台电动机停止，同时第三台电动机自动启动，运行 15s 后，全部电动机停止。

答： 设计出的电气控制线路如图 1-3 所示。

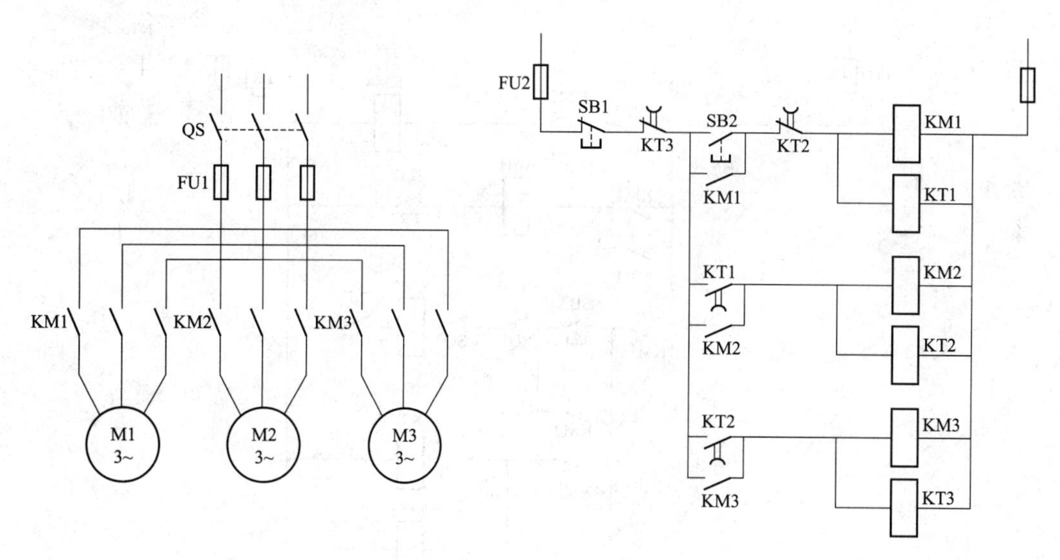

图 1-3 题 2-5 图

2-6 设计一台专用机床的电气自动控制线路，画出电气控制线路图。

答： 本专用机床是采用的钻孔倒角组合刀具加工零件的孔和倒角，其加工工艺是：快进→工进→停留光刀（2s）→快退→停车。专用机床采用三台电动机，其中 M1 为主运动电动机，M2 为工进电动机，M3 为快速移动电动机。设计要求如下。

（1）工作台工进至终点或返回原位，均有限位开关使其自动停止，并有限位保护。为保证工进定位准确，要求采用制动措施。

（2）快速电动机要求有点动调整，但在加工时不起作用。

（3）设置紧急停止按钮。

（4）应有短路、过负荷保护。

设计出的电气控制线路如图 1-4 所示。

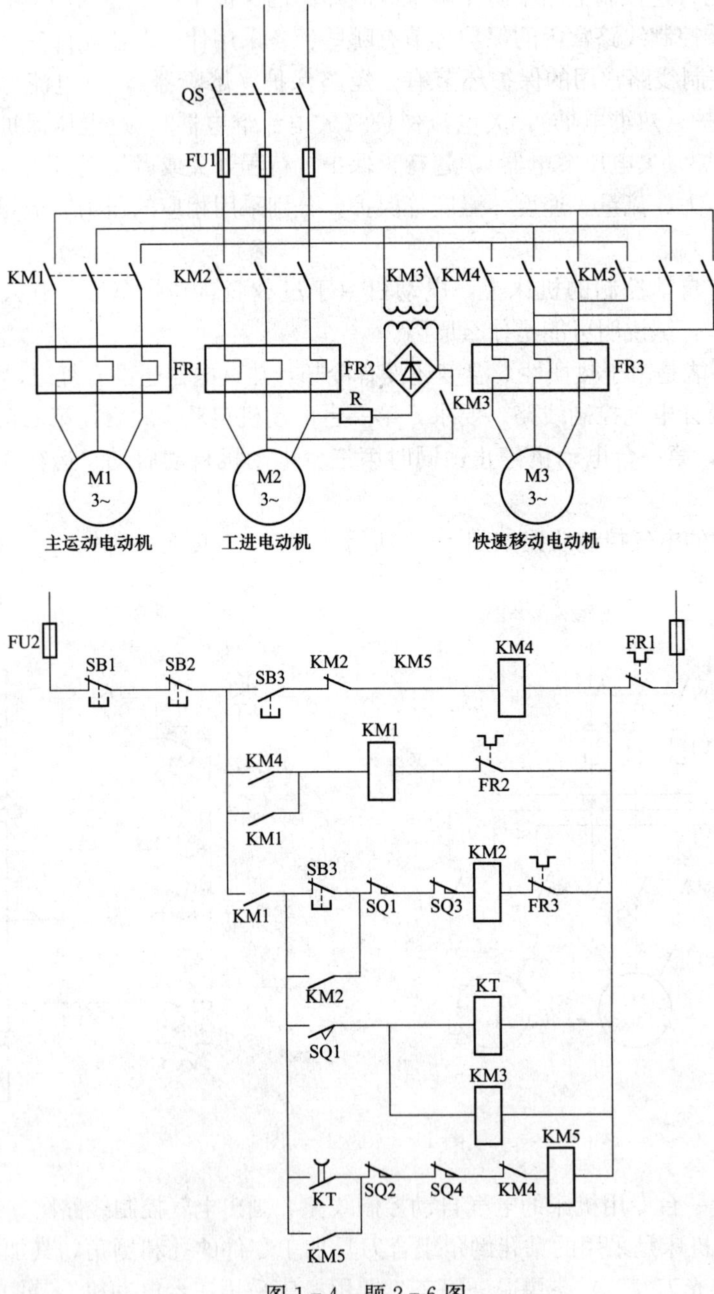

图 1-4　题 2-6 图

2-7　采用经验设计法，设计一个以行程原则控制的机床控制线路。要求工作台每往复一次（自动循环），即发出一个控制信号，以改变主轴电动机的转向一次。

答： 设计出的电气控制线路如图 1-5 所示。

2-8　设计一个符合下列条件的室内照明控制线路。房间入口处装有开关 A，室内两张床头分别有开关 B、C。晚上进入房间时，拉动 A，灯亮，上床后拉动 B 或 C，灯灭。以后再拉动 A、B、C 中的任何一个灯亮。

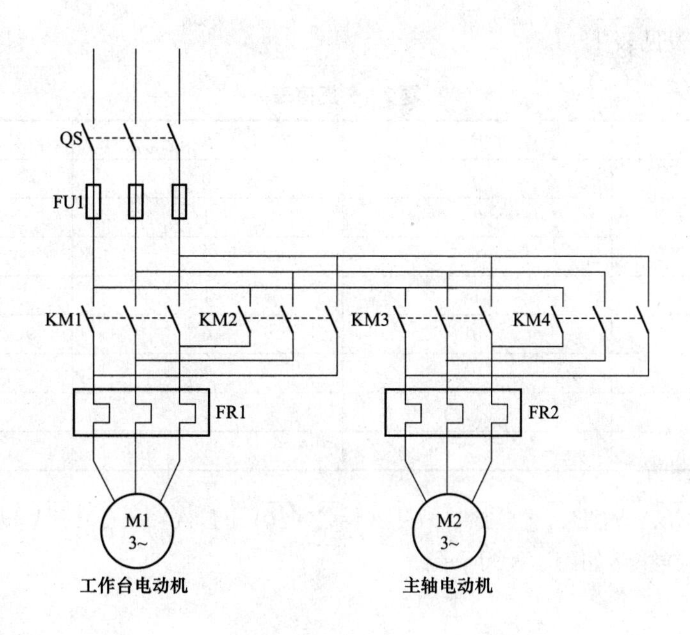
QS
FU1
KM1
KM2
KM3
KM4
FR1
FR2
M1
3~
M2
3~
工作台电动机
主轴电动机

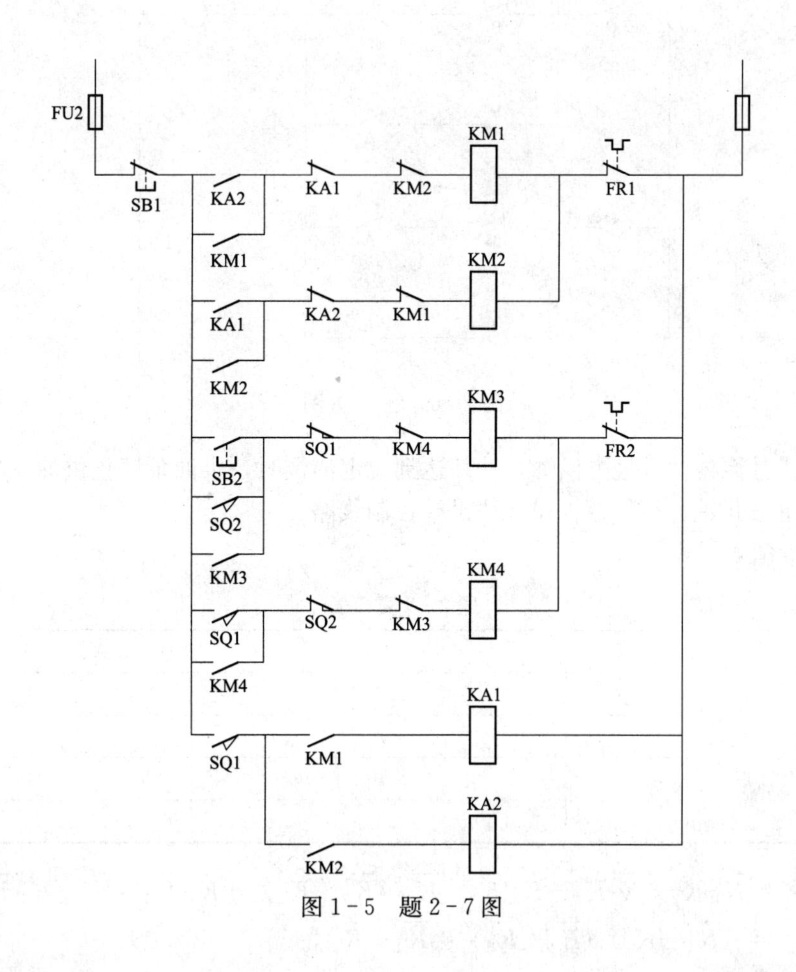
FU2
SB1
KA2
KA1
KM2
KM1
FR1
KM1
KA1
KA2
KM1
KM2
KM2
SB2
SQ1
KM4
KM3
FR2
SQ2
KM3
SQ1
SQ2
KM3
KM4
KM4
SQ1
KM1
KA1
KA2
KM2

图 1-5　题 2-7 图

答：其真值表见表 1－1。

表 1－1　　题 2－8 真值表

C	B	A	L
0	0	0	0
0	0	1	1
0	1	0	1
0	1	1	0
1	0	0	1
1	0	1	0
1	1	0	0
1	1	1	1

$$L=\overline{C}\,\overline{B}A+\overline{C}B\overline{A}+C\overline{B}\,\overline{A}+CBA=\overline{C}\,(\overline{B}A+B\overline{A})\,+C\,(\overline{B}\,\overline{A}+BA)$$

设计出的控制线路如图 1－6 所示。

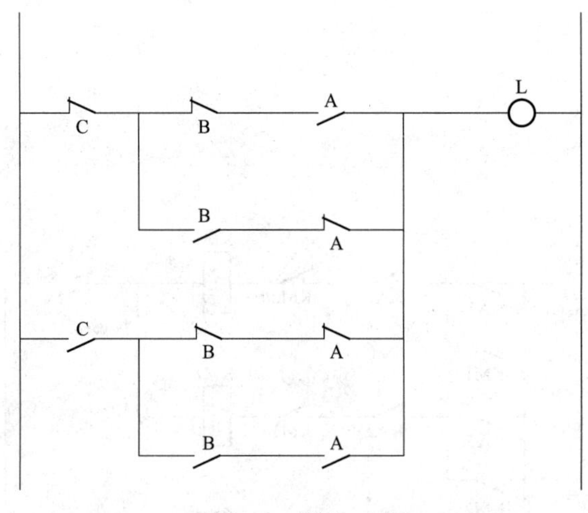

图 1－6　题 2－8 图

2－9　供油泵向两处地方供油，油都达到规定油位时，供油泵停止供油，只要有一处油不足，则继续供油，试用逻辑设计法设计控制线路。

答：其真值表见表 1－2。

表 1－2　　题 2－9 真值表

K_1	K_2	KM
0	0	1
0	1	1
1	0	1
1	1	0

$$KM=\overline{K}_1\overline{K}_2+\overline{K}_1K_2+K_1\overline{K}_2=\overline{K}_1\,(\overline{K}_2+K_2)\,+K_1\overline{K}_2=\overline{K}_1+K_1\overline{K}_2$$

$$=(\overline{K}_1+K_1)\,(\overline{K}_1+\overline{K}_2)\,=\overline{K}_1+\overline{K}_2$$

设计出的控制线路如图 1-7 所示。

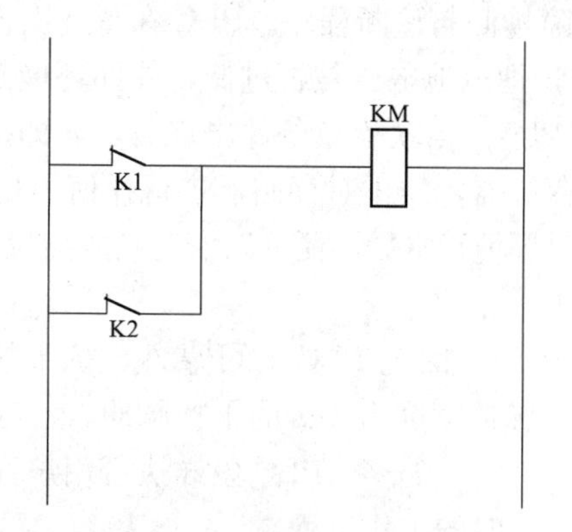

图 1-7　题 2-9 图

1.3　PLC 的组成与工作原理

3-1　可编程控制器的特点有哪些?

答: 主要特点如下。

(1) 可靠性高、抗干扰能力强。

(2) 编程简单、易于掌握。

(3) 设计、安装容易,维护工作量少。

(4) 功能强、通用性好。

(5) 开发周期短,成功率高。

(6) 体积小、重量轻、功耗低。

3-2　可编程控制器在结构上有哪两种形式? 说明它们的区别。

答: (1) 整体式可编程控制器。所谓整体式可编程控制器,是指把实现可编程控制器所有功能所需要的硬件模块,包括电源、CPU、存储器、I/O 及通信口等组合在一起,在物理上形成一个整体。

(2) 模块式可编程控制器。所谓模块式可编程控制器,顾名思义,就是指把可编程控制器的各个功能组件单独封装成具有总线接口的模块,如 CPU 模块、电源模块、输入模块、输出模块、输入和输出模块、通信模块、特殊功能模块等,然后通过底板把模块组合在一起构成一个完整的可编程控制器系统。这类系统的典型特点就是系统构件灵活,扩展性好,功能较强。

3-3　试从软、硬件以及工作方式角度说明 PLC 的高抗干扰性能。

答: PLC 的工作方式是采用周期循环扫描,集中输入与集中输出。这种工作方式的显著特点是可靠性高、抗干扰能力强,但响应滞后、速度慢。也就是说 PLC 是以降低速度为代价换取高可靠性的。

(1) 硬件方面。隔离是抗干扰的主要手段之一。在微处理器与 I/O 电路之间,采用光电隔离措施,有效地抑制了外部干扰源对 PLC 的影响,同时还可以防止外部高电压进入模板。滤波是抗干扰的又一主要措施。对供电系统及输入线路进行多种形式的滤波,可以消除或抑制高频干扰。用良好的导电、导磁材料屏蔽 CPU 等主要部件可以减弱空间电磁干扰。此外，对有些模板还设置了连锁保护、自诊断电路等。

(2) 软件方面。设置故障检测与诊断程序。PLC 在每一次循环扫描过程的内部处理期间，检测系统硬件是否正常，锂电池电压是否过低，外部环境是否正常，如是否断电、欠电压等。设置状态信息保存功能。当软故障条件出现时，立即把现状态重要信息存入指定存储器，软、硬件配合封闭存储器，禁止对存储器进行任何不稳定的读/写操作，以防存储信息被冲掉；这样，一旦外界环境正常后，便可以恢复到故障发生前的状态，继续原来的程序工作。

由于采取了以上抗干扰措施，因此 PLC 的可靠件、抗干扰能力大大提高，可以承受幅值为 1000V，时间为 1ns、脉冲宽度为 1μs 的干扰脉冲。

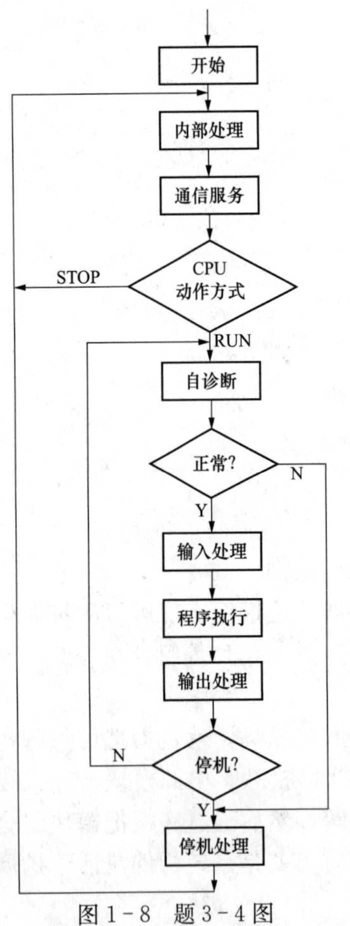

图 1-8　题 3-4 图

3-4　PLC 怎样执行用户程序？说明 PLC 在正常运行时的工作过程。

答：PLC 的工作方式是采用周期循环扫描的方式执行用户程序。工作流程如图 1-8 所示。

3-5　如果数字量输入的脉冲宽度小于 PLC 的循环周期，是否能够保证 PLC 检测到该脉冲？为什么？

答：不能保证，有一些脉冲会检测不到。

3-6　影响 PLC 输出响应滞后的因素有哪些？你认为最重要的原因是哪一个？

答：影响响应滞后的主要因素有：输入电路、输出电路的响应时间，PLC 的运算速度，程序设计结构等。其中用户程序执行时间是影响扫描周期 *T* 长短的主要因素。

3-7　S7-200 的接口模块有多少种？各有什么用途？

答：S7-200 PLC 的接口模块有数字量模块、模拟量模块和智能模块等。数字量模块是输入或者输出数字信号，模拟量模块是输入或者输出模拟量信号，常见的智能模块有：PID 调节模块、高速计数器模块、温度传感器模块、高速脉冲输出模块、位置控制模块、阀门控制模块、通信模块等。智能模块用来完成特定的功能。

3-8　简述 S7-200 PLC 系统的基本构成。

答：S7-200 PLC 系统的基本构成有：①CPU 模块；②存储器；③通信口；④电池；⑤LED 指示灯；⑥I/O 端子。

3-9　简述 S7-200 CPU22X 系列有哪些产品？

答：S7-200 CPU22X 系列产品有 CPU221、CPU222、CPU224、CPU 226 和 CPU 226XM。

3-10　常用的 S7-200 的扩展模块有哪些？各适用于什么场合？

答：常用的 S7-200 的扩展模块有：数字量输入扩展模块 EM221（接收数字信号），数字量输出扩展模块 EM222（输出数字信号），模拟量输入扩展模块 EM231（接收连续变化的物理量），模拟量输出扩展模块 EM232（输出模拟量信号），模拟量输入/输出扩展模块 EM235（输入或者输出模拟量信号），热电偶、热电阻扩展模块 EM231（输入温度信

号），PROFIBUS－DP 扩展从站模块 EM277（将 S7－200 连接到 PROFIBUS－DP 网络），CP243－2通信处理器（是 S7－200 的 AS－i 主站），各种智能模块（PID 调节模块、高速计数器模块、温度传感器模块、高速脉冲输出模块、位置控制模块、阀门控制模块、通信模块等，用来完成特定的功能）。

3－11　某 PLC 控制系统，经估算需要数字量输入点 20 个；数字量输出点 10 个；模拟量输入通道 5 个；模拟量输出通道 3 个。请选择 S7－200 PLC 的机型及其扩展模块，要求按空间分布位置对主机及各模块的输入/输出点进行编址。

答：编址见表 1－3。

表 1－3　　**题 3－11 编址表**

主机	模块 0（EM231）	模块 1（EM231）	模块 2（EM232）	模块 3（EM232）
CPU226	4AI	4AI	2AQ	2AQ
I0.0～I2.3/ Q0.0～1.1	AIW0 AIW2 AIW4 AIW6	AIW8 AIW10 AIW12 AIW14	AQW0 AQW2	AQW4 AQW6

1.4　PLC 基本指令

4－1　写出图 1－9 所示梯形图的语句表程序。

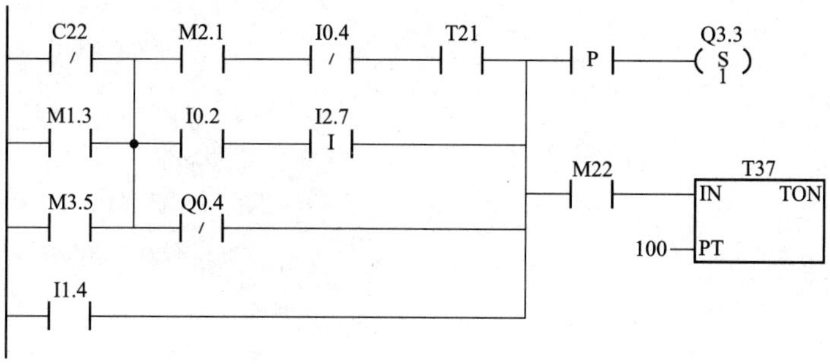

图 1－9　题 4－1 图

答：程序如下：

```
LDI C22
O M1.3
O M3.5
LD M2.1
AN I0.4
A T21
LD I0.2
ANII2.7
OLD
ON Q0.4
```

```
ALD
O I1.4
LPS
EU
S Q3.3 1
LPP
A M2.2
TON T37，100
```

4-2 写出图 1-10 所示梯形图的语句表程序。

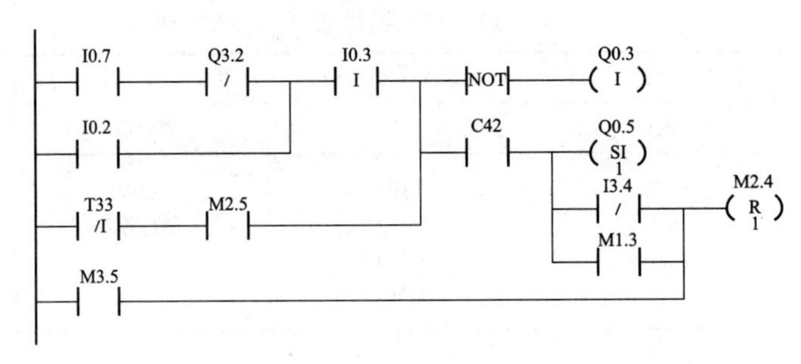

图 1-10　题 4-2 图

答： 程序如下：

```
LD I0.7
AN Q3.2
O I0.2
A I0.3 I
LDN T33 I
A M2.5
OLD
LPS
NOT
=Q0.3 I
LPP
A C42
S Q0.5 1
LDN I3.4
O M1.3
ALD
O M3.5
R M2.4 1
```

4-3 写出图 1-11 所示梯形图的语句表程序。

答： 程序如下：

```
LD I0.0
O M1.2
LPS
```

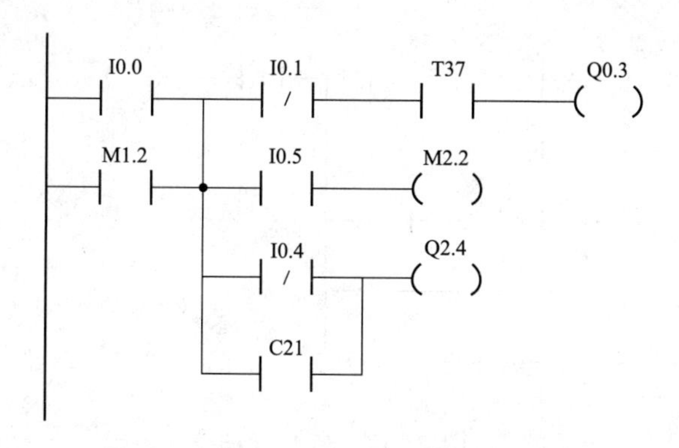

图 1-11 题 4-3 图

```
AN I0.1
A T37
=Q0.3
LRD
A I0.5
=M2.2
LPP
LDN I0.4
O C21
=Q2.4
```

4-4 画出下列语句表程序对应的梯形图。

```
LDI     I0.2
AN      I0.0
O       Q0.3
ONI     I0.1
LD      Q2.1
OI      M3.7
AN      I1.5
LDN     I0.5
A       I0.4
OLD
ON      M0.2
ALD
O       I0.4
EU
=       M3.7
AN      I0.4
NOT
SI      Q0.3, 1
```

答：画出的梯形图如图 1-12 所示。

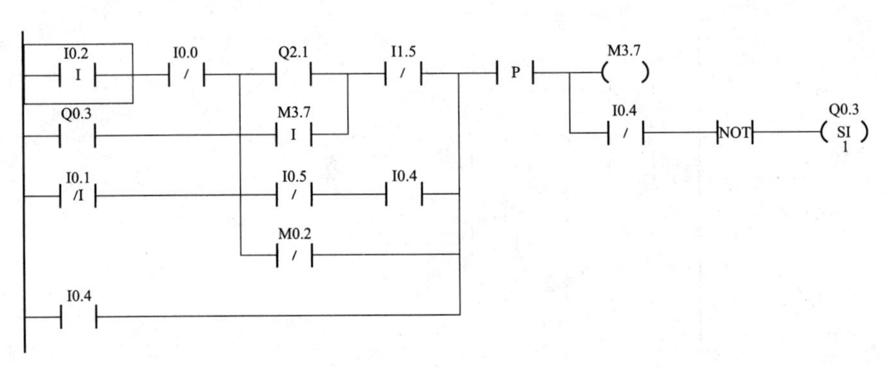

图 1-12　题 4-4 图

4-5　画出下列语句表程序对应的梯形图。

```
LD      I0.7
AN      I2.7
LDI     Q0.3
ON      I0.1
A       M0.1
OLD
LD      I0.5
A       I0.3
O       I0.4
ALD
ON      M0.2
NOT
=I      Q0.4
LD      I2.5
LDN     M3.5
ED
CTU     C41, 30
```

答： 画出的梯形图如图 1-13 所示。

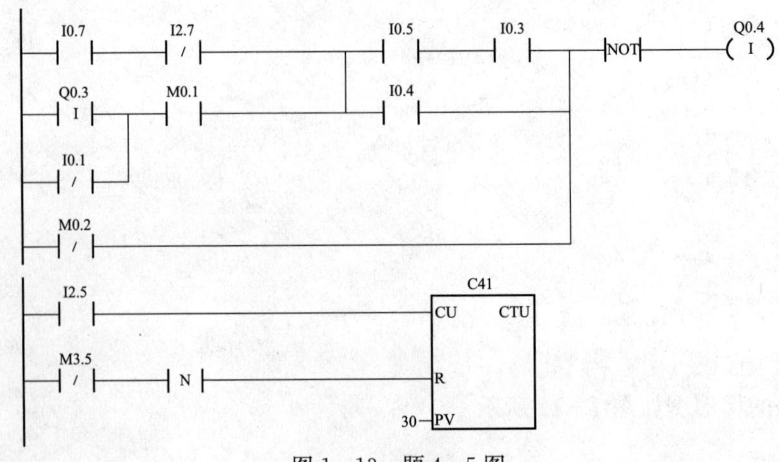

图 1-13　题 4-5 图

4-6　用接在I0.0输入端的光电开关检测传送带上通过的产品，有产品通过时I0.0为ON，如果在10s内没有产品通过，则由Q0.0发出报警信号，用I0.1输入端外接的开关解除报警信号。画出梯形图，并写出对应的指令表程序。

答： 用I0.2作为启动开关，梯形图如图1-14所示。

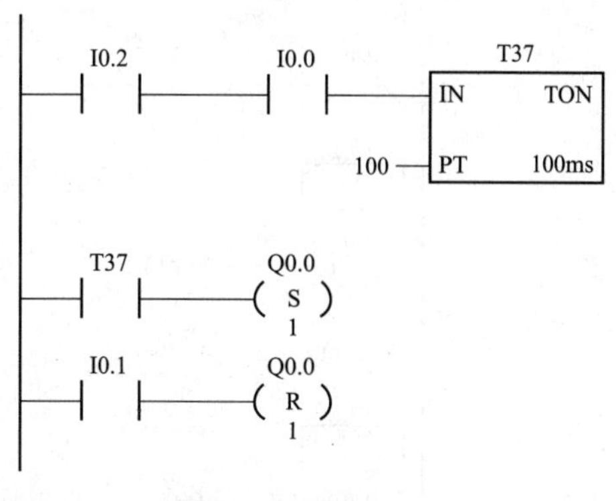

图1-14　题4-6图

4-7　在按下I0.0按钮后Q0.0变为1状态并自保持，I0.1输入3个脉冲后（用C1计数），T37开始定时，5s后Q0.0变为0状态，同时C1被复位，在可编程序控制器刚开始执行用户程序时，C1也被复位，设计出梯形图。

答： 设计的梯形图如图1-15所示。

4-8　设计一个计数范围为50000次的计数器。

答： 该设计的程序如图1-16所示。

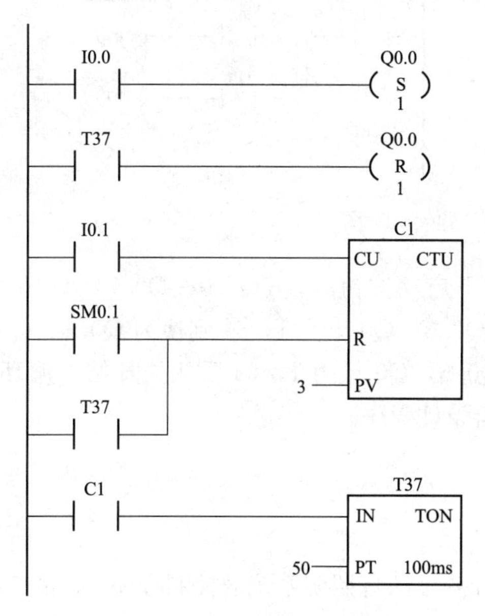

图1-15　题4-7图

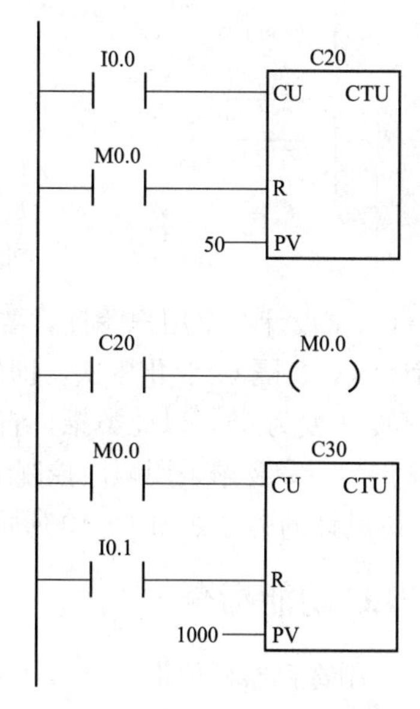

图1-16　题4-8图

4-9　用置位、复位（S、R）指令设计一台电动机的启、停控制程序。

答： 该设计的程序如图1-17所示。

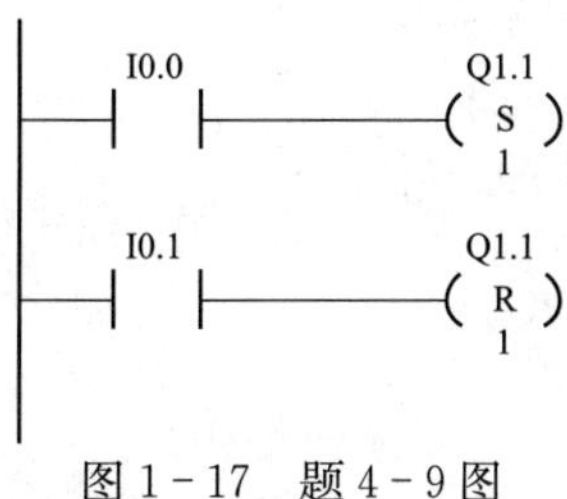

图1-17　题4-9图

4-10　用顺序控制继电器（SCR）指令设计一个居室通风系统控制程序，使3个居室的通风机自动轮流地打开和关闭。轮换时间间隔为1h。

答： 设I0.1为启动按钮，I0.2为停止按钮，Q0.1、Q0.2、Q0.3为3个居室的通风机的接触器线圈。该设计的程序如图1-18所示。

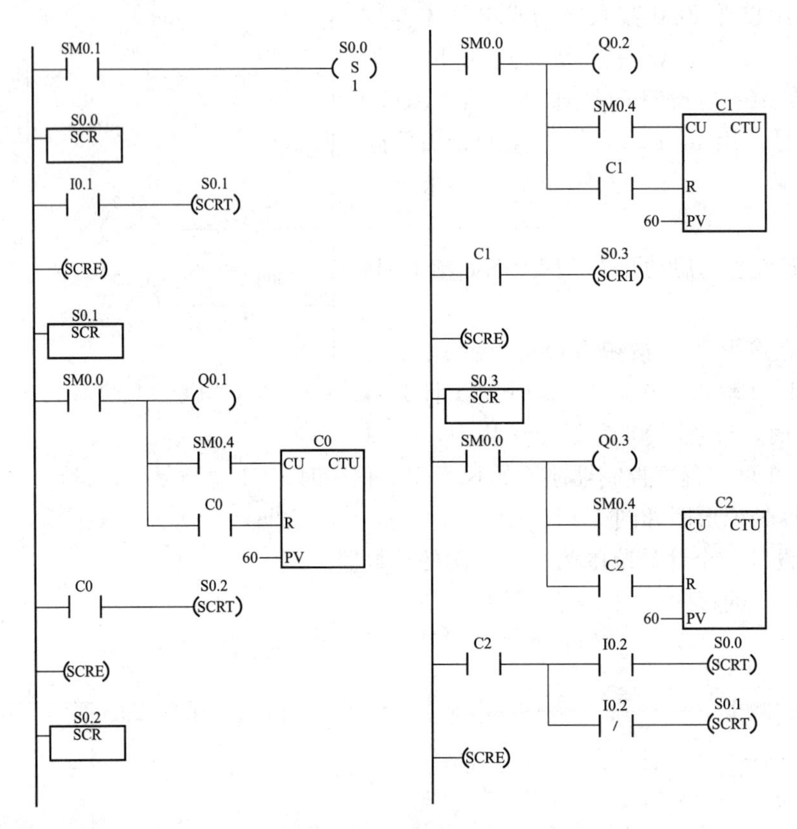

图 1-18　题 4-10 图

4-11　试设计一个用户程序，要求按下启动按钮后，（Q0.0～Q0.7）8 个输出中每次有两个为 1，每隔 6s 变化 1 次，即先是 Q0.0、Q0.1 为 1，6s 到换为 Q0.2、Q0.3 为 1（Q0.0、Q0.1 变为 0），以此类推，直到 Q0.6，Q0.7 为 1，6s 后从头开始，循环 100 次后自动停止运行。要求采用顺序控制继电器设计程序。

答：该设计的程序如图 1-19 所示。

1.5　PLC 功能指令

5-1　用寄存器移位指令（SHR）设计一个路灯照明系统的控制程序，3 路灯按H1→H2→H3 的顺序依次点亮。各路灯之间点亮的间隔时间为 10h。

答：该路灯照明系统的控制程序如图 1-20 所示。

5-2　用循环移位指令设计一个彩灯控制程序，8 路彩灯串按 H1→H2→H3→…→H8 的顺序依次点亮，且不断重复循环。各路彩灯之间的间隔时间为 0.2s。

答：该彩灯控制程序如图 1-21 所示。

5-3　用整数除法指令将 VW1 中的（240）除以 8 后存放到 AC0 中。

答：设计的程序如图 1-22 所示。

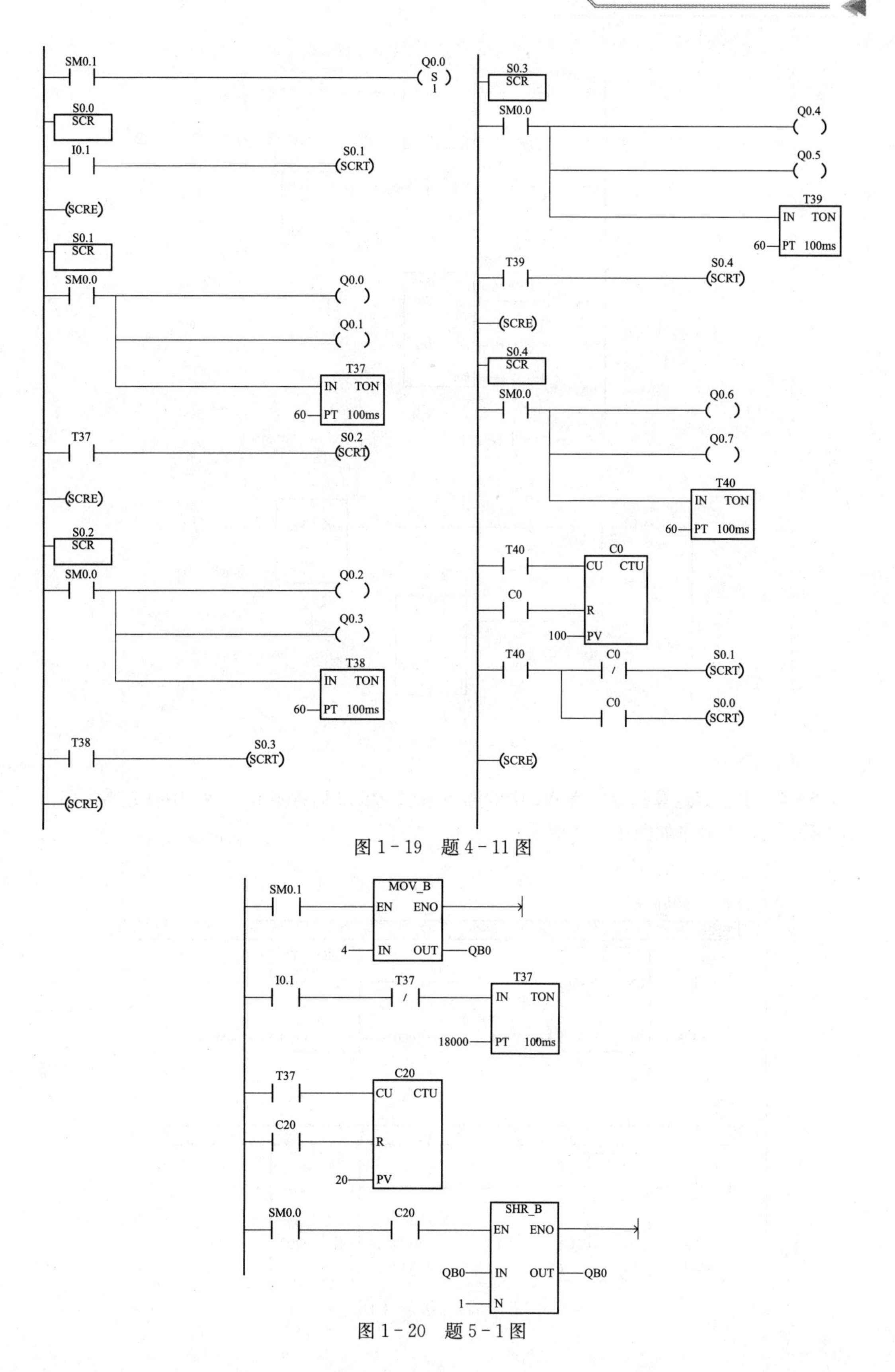

图 1-19　题 4-11 图

图 1-20　题 5-1 图

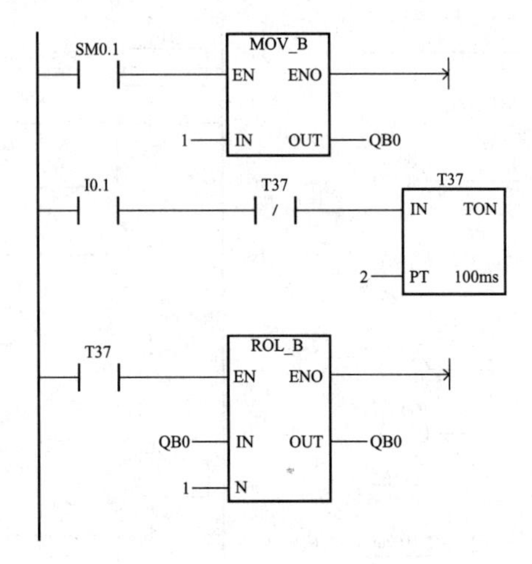

图 1-21　题 5-2 图

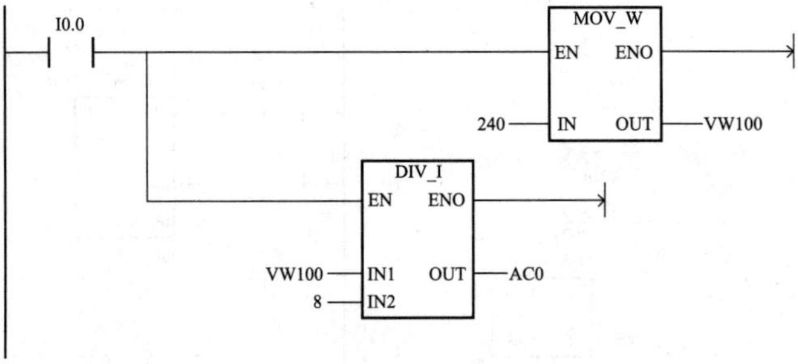

图 1-22　题 5-3 图

5-4　用整数运算指令将 VW2 中的整数乘以 0.932 后存放在 VW6 中（先乘后除）。

答： 设计的程序如图 1-23 所示。

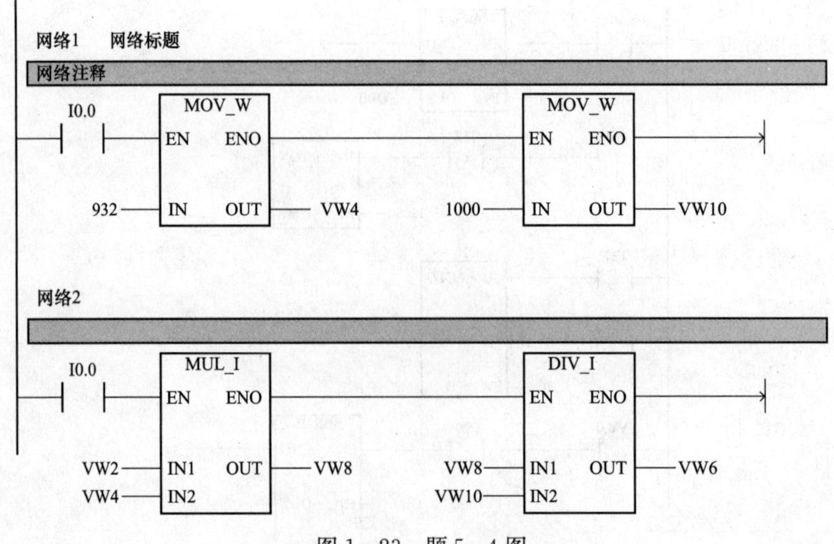

图 1-23　题 5-4 图

5-5　将 AIW0 中的有符号整数（3400）转换成（0.0～1.0）之间的实数，再将结果存入 VD200 中。

答：设计的程序如图 1-24 所示。

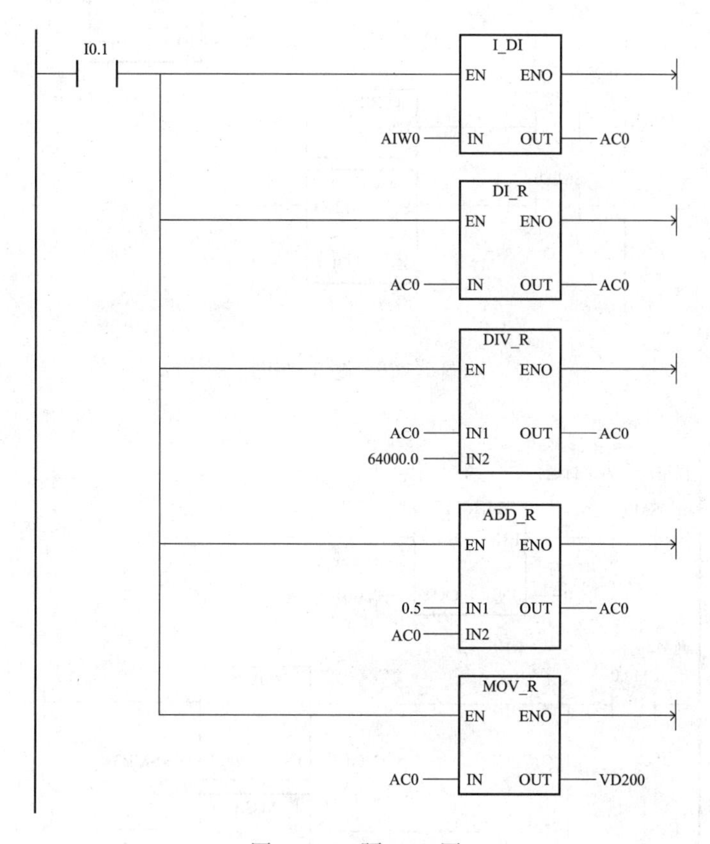

图 1-24　题 5-5 图

5-6　将 PID 运算输出的标准化实数 0.75 先进行刻度化，然后再转换成一个有符号整数（INT），将结果存入 AQW2 中。

答：设计的程序如图 1-25 所示。

```
网络 1    网络标题
LDN      I0.1
MOVR     VD108, AC0
-R       0.5, AC0
*R       64000.0, AC0
ROUND    AC0, AC0
DTI      AC0, LW0
MOVW     LW0, AQW2
```

图 1-25　题 5-6 图

5-7　当 I0.1 为 ON 时，定时器 T32 开始定时，产生每秒一次的周期脉冲。T32 每次定时时间到时调用一个子程序，在子程序中将模拟量输入 AIW0 的值送入 VW10 中，设计主程序和子程序。

答：设计的主程序和子程序如图 1-26 所示。

5-8　第一次扫描时将 VB0 清零，用定时中断 0，每 100ms 将 VB0 加 1，VB0=100 时关闭定时中断，设计主程序和中断子程序。

答：设计的主程序和中断子程序如图 1-27 所示。

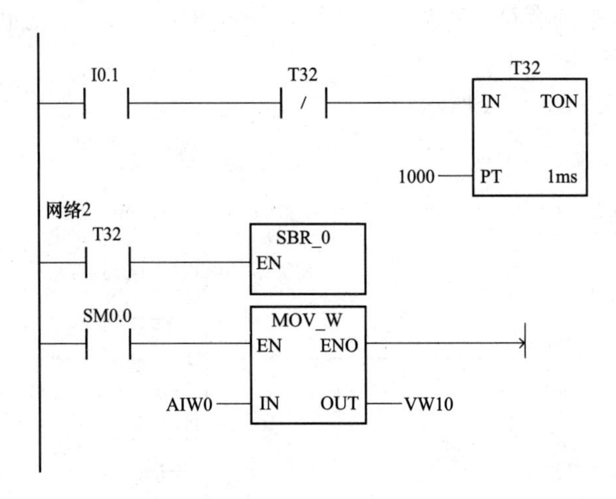

图 1-26　题 5-7 图

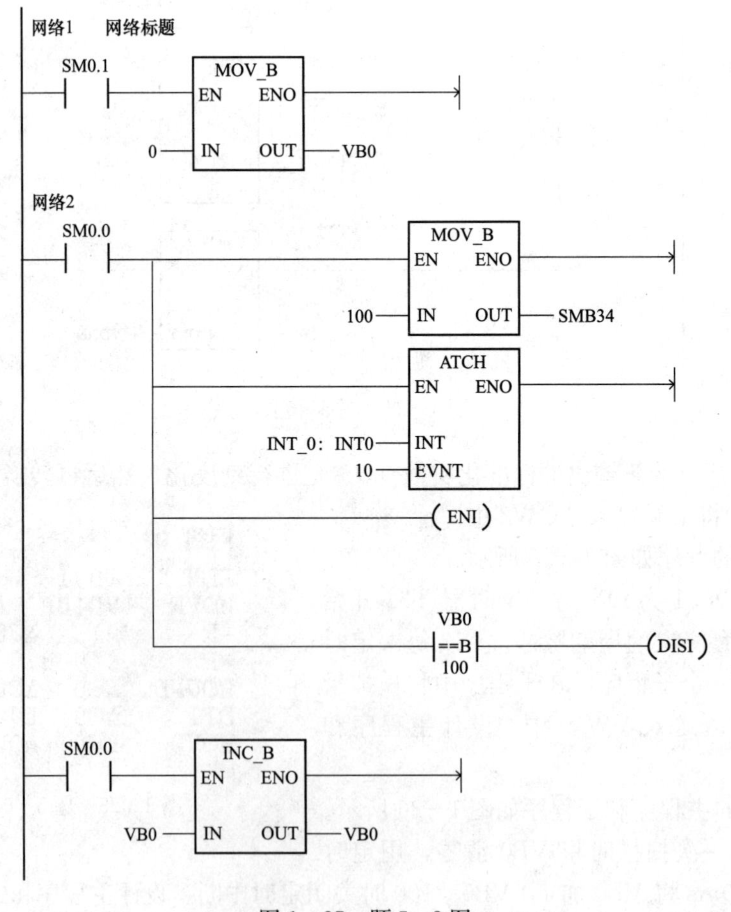

图 1-27　题 5-8 图

5-9　用定时中断设计一个每 0.1s 采集一次模拟量输入值的控制程序。

答： 设计的控制程序如图 1-28 所示。

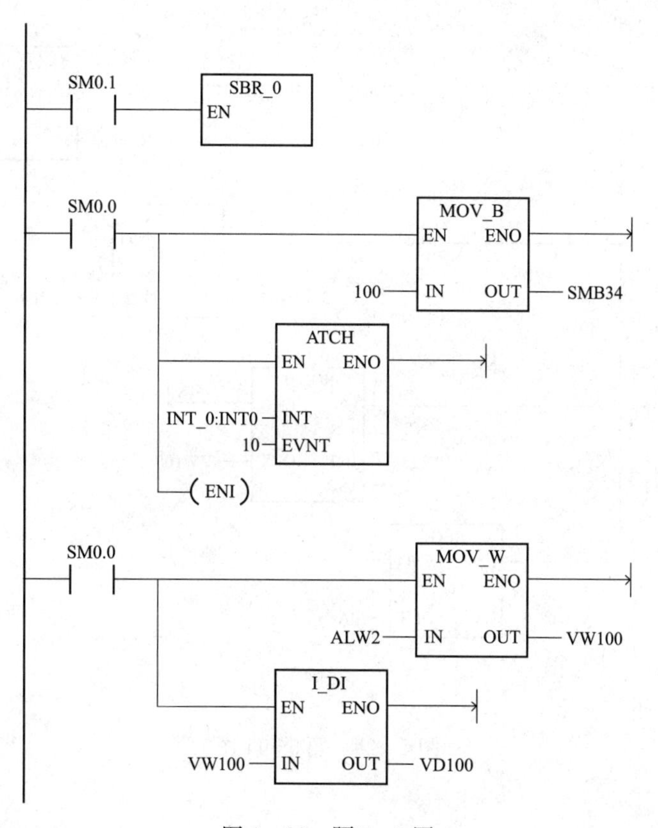

图 1－28　题 5－9 图

5－10　8 个 12 位二进制数据存放在从 VW10 开始的存储区内，用循环指令求它们的平均值，并存放在 VW20 中，设计出语句表程序。

答：程序如下：

```
LD      SM0.0
MOVW    0, VW0
MOVD    &VB10, VD2
FOR     VW6, 1, 8
LD      SM0.0
+I      *VD2, VW0
+D      2, VD2
NEXT
LD      SM0.0
/I      8, VW0
```

5－11　用 TODR 指令从实时时钟读取当前日期，并将“星期”的数字用段码指令（SEG）显示出来。

答：设计的程序如图 1－29 所示。

5－12　用实时时钟指令控制路灯的定时接通和断开，20：00 时开灯，06：00 时关灯，设计出相应程序。

答：设计的程序如图 1－30 所示。

I0.1
READ_RTC
EN
ENO
VB100
T
MOV_B
EN
ENO
VB107
IN
OUT
VB108
SUB_I
EN
ENO
VW108
1
IN1
IN2
OUT
VW108
SEG
EN
ENO
VB108
IN
OUT
AC1

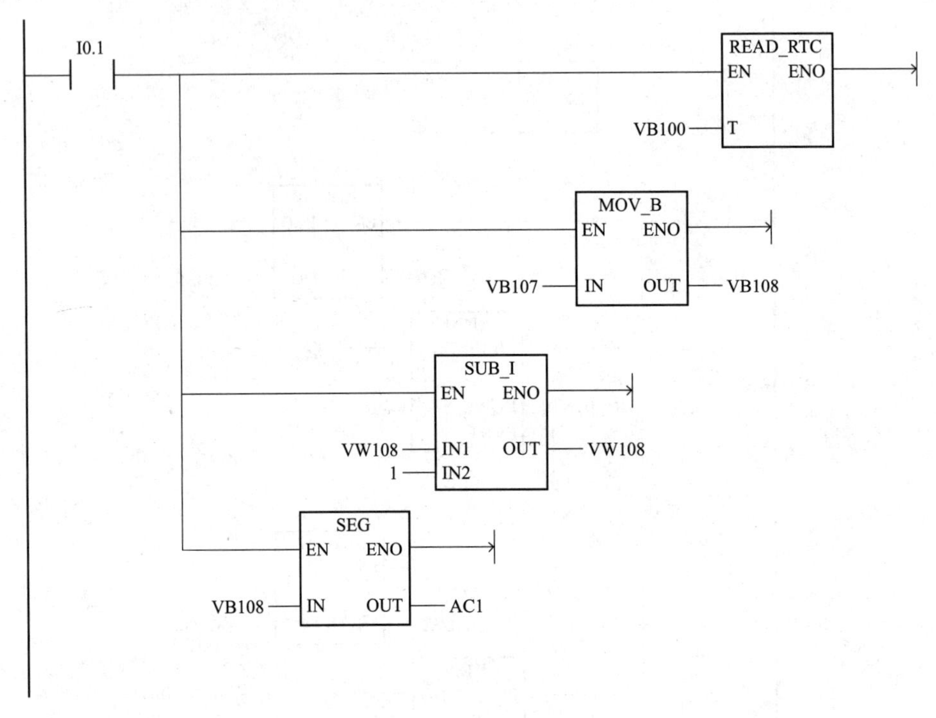

图 1-29　题 5-11 图

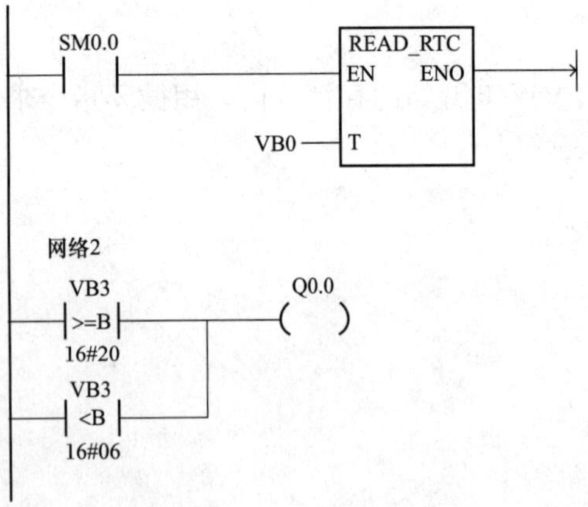

SM0.0
READ_RTC
EN
ENO
VB0
T
网络2
VB3
>=B
16#20
Q0.0
VB3
<B
16#06

图 1-30　题 5-12 图

1.6　PLC 控制系统设计

6-1　简述可编程控制器系统设计的一般原则和步骤。

答： 可编程控制器系统设计的一般原则如下。

(1) 最大限度地满足被控对象的要求。

(2) 在满足控制要求的前提下，力求使控制系统简单、经济、适用及维护方便。

(3) 保证系统的安全可靠。

(4) 考虑生产发展和工艺改进的要求，在选型时应留有适当的余量。

设计步骤如下。

(1) 程序设计前的准备工作。程序设计前的准备工作大致可分为以下三个方面。

1) 了解系统概况。

2) 熟悉被控对象，编出高质量的程序。

3) 充分利用手头的硬件和软件工具。

(2) 程序框图设计。

(3) 编写程序。

(4) 程序测试。

(5) 编写程序说明书。

6-2 可编程控制器的选型需要考虑哪些问题?

答: (1) 工作环境。

(2) 机型的选择。

1) 选择熟悉编程软件的机型。

2) 选择合资厂的机型，看选用进口 PLC 好，还是国产 PLC 好。

3) 选择性能相当的机型。PLC，选型中一个重要问题就是性能要相当。

4) 选择新机型。由于 PLC 产品更新换代很快，因此选用相应的新机型很有必要。

5) 性能与任务相适应。

6) PLC 的处理速度应满足实时控制的要求。

7) PLC 应用系统结构合理、机型系列应统一。

8) 通信网络。

9) 在线编程和离线编程的选择。

6-3 设计一段程序，要求对五相步进电动机 5 个绕组依次自动实现以下方式的循环通电控制：

答: (1) 第一步，A—B—C—D—E。

(2) 第二步，A—AB—BC—CD—DE—EA。

(3) 第三步，AB—ABC—BC—BCD—CD—CDE—DE—DEA。

(4) 第四步，EA—ABC—BCD—CDE—DEA。

(5) A、B、C、D、E 分别接主机的输出点 Q0.1、Q0.2、Q0.3、Q0.4、Q0.5，启动按钮接主机的输入点 I0.0，停止按钮接主机的输入点 I0.1。

设计出的程序如图 1-31 所示。

6-4 已知彩灯共有 8 盏，设计一段彩灯控制程序，实现下述控制要求。

(1) 程序开始时，灯 1 (Q0.0) 亮。

(2) 一次循环扫描且定时时间到后，灯 1 (Q0.0) 灭，灯 2 (Q0.1) 亮。

(3) 再次循环扫描且定时时间到后，灯 2 (Q0.1) 灭，灯 3 (Q0.2) 亮……直到灯 8 亮。灯 8 灭后循环重新开始。

答: 设计的彩灯控制程序如图 1-32 所示。

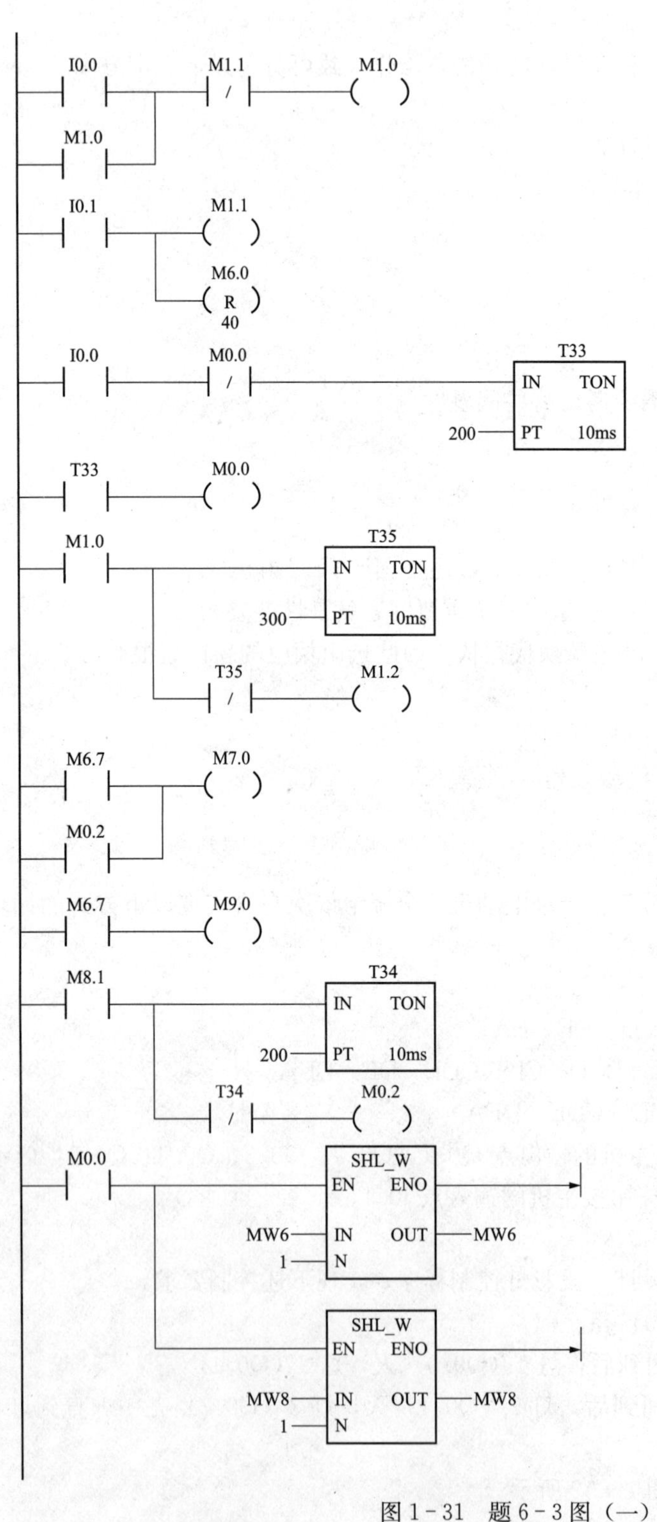

I0.0
M1.1
M1.0
M1.0
I0.1
M1.1
M6.0
R
40
I0.0
M0.0
T33
IN
TON
200
PT
10ms
T33
M0.0
M1.0
T35
IN
TON
300
PT
10ms
T35
M1.2
M6.7
M7.0
M0.2
M6.7
M9.0
M8.1
T34
IN
TON
200
PT
10ms
T34
M0.2
M0.0
SHL_W
EN
ENO
MW6
IN
OUT
MW6
1
N
SHL_W
EN
ENO
MW8
IN
OUT
MW8
1
N
M7.1
Q0.1
M7.6
M7.7
M6.3
M6.4
M6.5
M9.4
M9.5
M9.6
M8.1
M7.2
Q0.2
M7.7
M6.0
M6.4
M6.5
M6.6
M6.7
M9.6
M9.7

图 1-31　题 6-3 图（一）

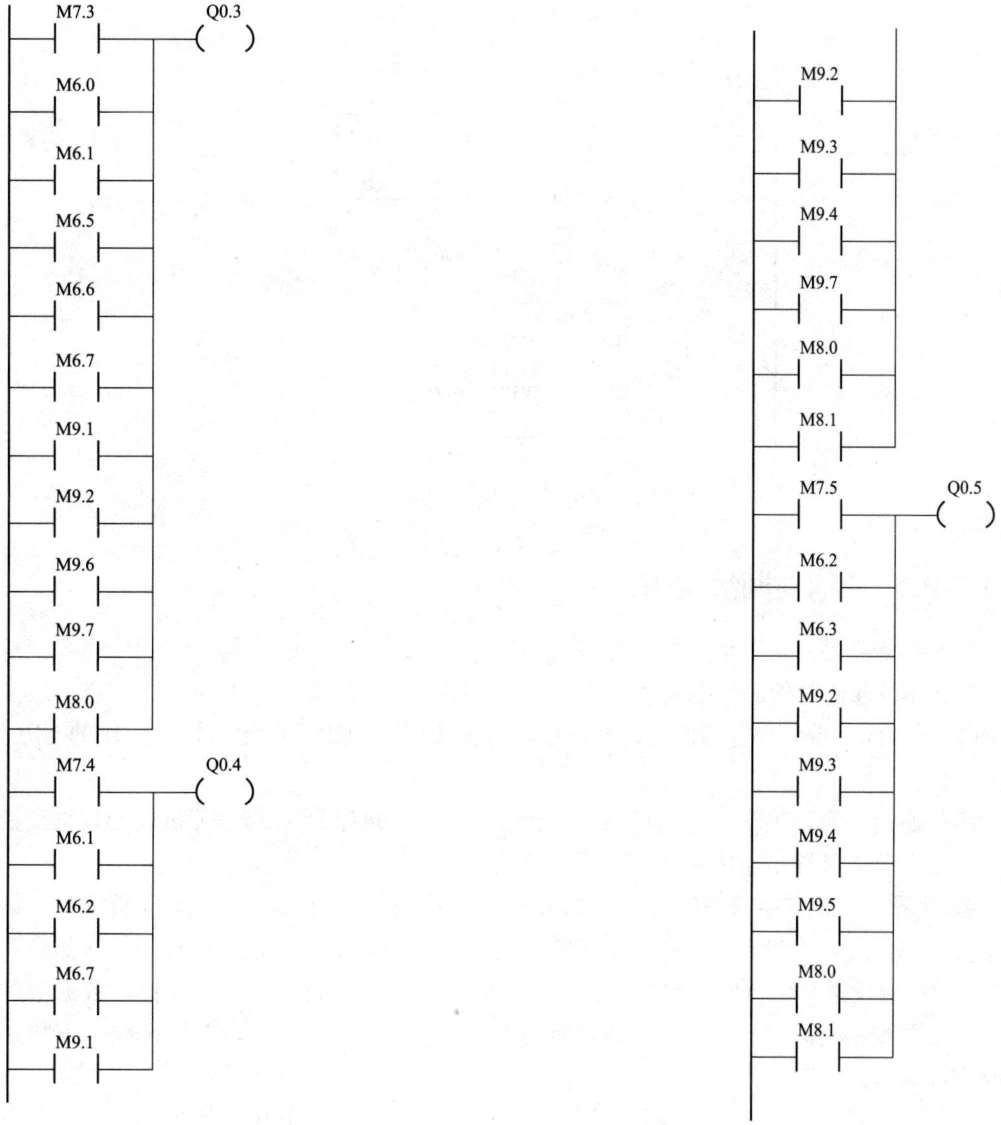

M7.3 Q0.3
M6.0
M6.1
M6.5
M6.6
M6.7
M9.1
M9.2
M9.6
M9.7
M8.0
M7.4 Q0.4
M6.1
M6.2
M6.7
M9.1

M9.2
M9.3
M9.4
M9.7
M8.0
M8.1
M7.5 Q0.5
M6.2
M6.3
M9.2
M9.3
M9.4
M9.5
M8.0
M8.1

图1-31　题6-3图（二）

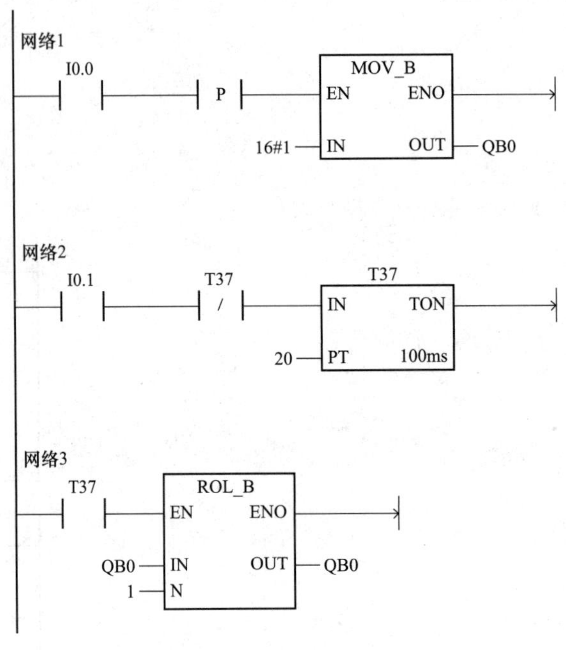

图 1-32　题 6-4 图

1.7　PLC 通信与网络技术

7-1　什么是并行通信？什么是串行通信？

答：并行通信是指通信中同时传送构成一个字或字节的多位二进制数据。它一般发生在 PLC 的内部，指多台处理器之间的通信，以及 PLC 中 CPU 单元与智能模块的 CPU 之间的通信。

串行通信一般发生在 PLC 的外部，指的是在 PLC 间和 PLC 与计算机间的数据交换。

7-2　什么是异步通信？什么是同步通信？

答：“异步”是指字符与字符之间的异步，字符内部仍为同步。在异步通信中，信息以字符为单位进行传输，当发送一个字符代码时，字符前面都具有自己的一位起始位，极性为 0，接着发送 5 到 8 位的数据位、一位奇偶校验位，一到两位的停止位，数据位的长度视传输数据格式而定，奇偶校验位可有可无，停止位的极性为 1，在数据线上不传送数据时全部为 1。

在同步通信中，不仅字符内部要同步，而且字符与字符之间也要保持同步。信息以数据块为单位进行传输，发送双方必须以同频率连续工作，并且保持一定的相位关系，这就需要通信系统中有专门使发送装置和接收装置同步的时钟脉冲。

7-3　信息交互的方式主要有哪几种？

答：主要有以下几种方式：单工通信、半双工和全双工通信方式。

7-4　PLC 通信中常见的传输介质主要有哪些，它们的特点是什么？

答：传输介质有同轴电缆、双绞线、光缆。

双绞线的特点：双绞线（带屏蔽）具有成本较低、安装简单等优点，因此被广泛使用；双绞线对外界的电磁干扰还是比较敏感的，同时信号会向外辐射，有被窃取的可能。

同轴电缆比双绞线的抗外界电磁干扰能力要强。

光纤是以光脉冲的形式传输信号的，它具有的优点如下。

(1) 所传输的是数字的光脉冲信号，不会受电磁干扰，不怕雷击，不易被窃听。

(2) 数据传输安全性好。

(3) 传输距离长，且带宽宽，传输速度快。

但光纤系统设备价格昂贵，光纤的连接与连接头的制作工作需要专门工具和专门培训的人员完成。

7-5　PLC 通信中常见的网络拓扑结构有哪些？

答：有星形网络、环形网络、总线形网络三种拓扑结构形式。

7-6　常见的纠错编码方法主要有哪些？各自的特点如何？

答：纠错编码的方法很多，如奇偶检验码、方阵检验码、循环检验码、恒比检验码等。常见的纠错编码方法有奇偶检验码和循环检验码两种。

奇偶检验码有奇检验码、偶检验码两种。奇检验码的方法是信息位和检验位中 1 的个数为奇数。偶检验码的方法是信息位和检验位中 1 的个数为偶数。奇偶检验码一个字符校验一次。

循环检验码不像奇偶检验码一个字符校验一次，而是一个数据块校验一次。

7-7　PC/PPI 电缆上的 DIP 开关如何设定？

答：PC/PPI 电缆上的 DIP 开关选择的波特率：4 号开关为 1，选择 10 位模式，4 号开关为 0，选择 11 位模式；5 号开关为 0，选择 RS-232 口设置为数据通信设备（DCE）模式，5 号开关为 1，选择 RS-232 口设置为数据终端设备（DTE）模式。未用调制解调器时 4 号开关和 5 号开关均应设为 0，开关 1、2、3 选择的波特率。

7-8　S7-200 主要支持的通信协议有哪些？

答：包括 PPI、MPI、PROFIBUS、ModBus 等协议。

7-9　S7-200 组建工业以太网时，需要采用的硬件模块有哪些？需要采用什么协议？

答：S7-200 分别带有以太网（CP 243-1）模块和互联网（CP 243-1IT）模块，采用 TCP/IP 协议。

7-10　请问 S7-200 是否可以直接接入 PROFIBUS 网络？为什么？

答：不可以。EM277 PROFIBUS-DP 模块是专门用于 PROFIBUS-DP 协议通信的智能扩展模块。EM277 机壳上有一个 RS-485 接口，通过接口可以将 S7-200 系列 CPU 连接至网络。

7-11　请简述 PROFIBUS 采用的介质存取控制主要有哪几种。

答：PROFIBUS 提供了两种基本的介质存取控制，即令牌传递方式和主—从方式。

答：令牌传递方式可以保证每个主站在事先规定的时间间隔内都能获得总线的控制权。主—从方式允许主站在获得总线控制权时，可以与从站通信，并发送或获得信息。

7-12　S7-200 CPU 可以支持的通信协议主要有哪些？各自有何特点？

答：S7-200 CPU 支持的通信协议信包括 PPI、MPI、PROFIBUS、ModBus 等协议。

PPI 通信协议特点：PPI 通信协议是西门子专为 S7-200 系列 PLC 开发的一个通信协议，利用 PPI 通信协议进行通信非常简单方便，只用 NETR 和 NETW 两条语句，即可进行数据信号的传递，不需额外再配置模块或软件。

MPI 通信协议特点：MPI 协议总是在两个相互通信的设备之间建立逻辑连接。MPI 协议允许主/主和主/从两种通信方式。选择何种方式依赖于设备类型。如果是 S7 - 300 CPU，由于所有的 S7 - 300 CPU 都必须是网络主站，所以进行主/主通信。如果设备是 S7 - 200 CPU,那么就进行主/从通信，因为 S7 - 200 CPU 是从站。S7 - 200 CPU 在 MPI 网络中作为从站，它们彼此间不能通信。

PROFIBUS 通信协议特点：CPU22X 都可以通过增加 EM277 PROFIBUS - DP 扩展模块的方法支持 PROFIBUS - DP 网络协议。采用 PROFIBUS 的系统，对于不同厂家所生产的设备不需要对接口进行特别的处理和转换就可以通信。PROFIBUS 连接的系统由主站和从站组成，主站能够控制总线，当主站获得总线控制权后，可以主动发送信息。从站通常为传感器、执行器、驱动器和变送器。它们可以接收信号并给予响应，但没有控制总线的权力。当主站发出请求时，从站回送给主站相应的信息。PRORFIBUS 除了支持主—从模式外，还支持多主—多从的模式。对于多主站的模式，在主站之间按令牌传递顺序决定对总线的控制权。取得控制权的主站，可以向从站发送、获取信息，实现点对点的通信。

ModBus 通信协议特点：有专门为 Modbus 通信设计的预先定义的专门子程序和中断服务程序，从而使得与 Modbus 主站的通信简单易行。使用一个 Modbus 从站指令可以将 S7 - 200 组态为一个 Modbus 从站，与 Modbus 主站通信。Modbus 协议可以使不同厂商生产的控制设备连成工业网络，进行集中监控。通过此协议，控制器相互之间、控制器经由网络（如以太网）和其他设备之间可以通信。

1.8 组态软件及其在 SCADA 系统开发中的应用

8-1 什么是 SCADA 系统？它与 DCS 的主要异同点是什么？

答： SCADA 系统为监督控制与数据采集，其包含两个层次的基本功能：数据采集和监督控制。SCADA 系统在控制层面上至少具有两层结构以及连接两个控制层的通信网络，这两层设备是处于测控现场的数据采集与控制终端设备和位于中控室的集中监视、管理和远程监控计算机。

SCADA 与 DCS 的主要异同点如下。

（1）相同点。同属于计算机控制系统，从本质上看，两种系统有许多共性，最典型的就是两者都属于分布式计算机测控系统，具有控制分散、管理集中的特点。

（2）不同点。DCS 系统主要用于控制精度要求高、测控点集中的流程工业，如石油、化工等生产过程（DCS 系统通常都是成套的产品，由专业的厂家生产，如国外厂家有霍尼韦尔公司、横河公司、Emersson 过程管理公司和西门子自动化等，国内厂家有北京和利时、浙大中控、上海新华控制等）；而 SCADA 系统特指远程分布式计算机测控系统，主要用于测控点十分分散、分布范围广泛的生产过程或设备的监控，通常情况下，测控现场是无人或少人值守，如移动通信基站、长距离石油输送管道的远程监控、流域水文、水情的监控、城市煤气管线的监控等。在 SCADA 系统中，对现场设备的控制要求要低于 DCS 系统中被控对象要求。有些 SCADA 应用中，只要求进行远程的数据采集而没有现场控制的要求。SCADA 系统更加强调系统的功能，市场上几乎没有一种被认可的由一家公司独立生产的系统，通常是将来自不同厂家的上位机、下位机、上位机软件、通信设备等进行集成，实现远程监控与管理功能。

8-2　SCADA系统由哪几部分组成？它们的作用是什么？

答：从组成结构看，SCADA由以下三个部分组成。

(1) 分布式数据采集系统，也就是通常所说的下位机（当然也包含各种类型的远程I/O模块），下位机通常位于测控现场。

(2) 远程监控与管理系统，即上位机。它们位于中控室，通常远离测控现场，主要完成所有分布站点的数据汇总和集中监控。

(3) 数据通信网络，主要是将上、下位机系统连接的通信网络，也包括上位机网络子系统、下位机网络子系统。

8-3　SCADA系统的下位机有哪些类型？它们各自有什么特点？

答：典型的下位机有远程终端单元RTU、可编程控制器PLC、近年才出现的可编程自动化控制器PAC和智能仪表等。

(1) 远程终端单元RTU：RTU是安装在远程现场的控制设备。主要有两种类型：一种具有数据采集和远程通信能力，另外一种同时具有数据采集、控制和远程通信能力。后一种类似于大家更加熟悉的PLC。RTU具有更强的通信能力和数据存储能力以及更好的抗干扰能力，适宜在环境恶劣的条件下工作。

(2) 可编程控制器PLC：这些产品性价比较高、可靠性高、编程方便。

(3) 可编程自动化控制器PAC：①具有多范畴的功能性，在一个平台上可以实现包括逻辑和顺序控制、运动控制、驱动控制和过程控制的功能；②具有单一多专业的开发平台，运用共用的变量标签和统一数据库；③具有开放、模块化体系结构，适用于从工厂自动化到流程工业的单元操作；④采用事实上的网络接口、编程语言、安全等各种工业标准，使异型和异构系统间能实现数据交换。

(4) 智能仪表：它们更加侧重数据采集、信息集中管理与远程监管，而远程控制功能要求较低。

8-4　采用组态软件开发上位机系统的应用软件有什么好处？上位机系统的人机界面是否一定要利用组态软件来开发？

答：组态软件的主要特点有：

(1) 延续性和扩充性好。

(2) 封装性高。

(3) 通用性强。

(4) 人机界面友好。

(5) 接口趋向标准化。

上位机系统的人机界面一定要利用组态软件来开发。

8-5　为什么说不同的组态软件具有结构相似性？

答：组态软件主要作为SCADA系统及其他控制系统的上位机人机界面的开发平台，为用户提供快速地构建工业自动化系统数据采集和实时监控功能服务。而不论什么样的过程监控，总是有相似的功能要求。因此，不论什么样的组态软件，它们在整体结构上都具有相似性，只是不同的产品实现这些功能的方式会有所不同。

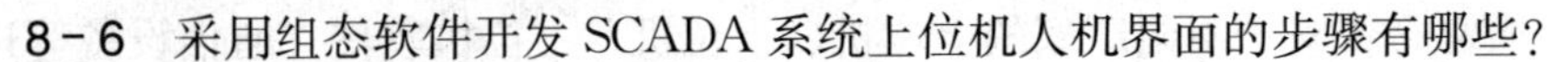

8-6 采用组态软件开发 SCADA 系统上位机人机界面的步骤有哪些?

答: 步骤如下。

(1) 根据系统功能要求进行总体设计。

(2) 添加设备，数据库组态，定义变量等。

(3) 显示画面组态。

(4) 报警组态。

(5) 实时和历史趋势曲线组态。

(6) 报表组态及设计。

(7) 控制组态和设计。

(8) 策略组态。

(9) 用户的管理。

8-7 什么是 OPC 规范? 采用 OPC 规范有什么好处?

答: OPC 规范定义了一个工业标准接口，OPC 是以 OLE/COM 机制作为应用程序的通信标准。OLE/COM 是一种客户服务器模式，具有语言无关性、代码重用性、易于集成性等优点。

8-8 采用组态软件开发 SCADA 系统上位机人机界面的步骤有哪些?

答: 步骤如下。

(1) 根据系统功能要求进行总体设计。

(2) 添加设备，数据库组态，定义变量等。

(3) 显示画面组态。

(4) 报警组态。

(5) 实时和历史趋势曲线组态。

(6) 报表组态及设计。

(7) 控制组态和设计。

(8) 策略组态。

(9) 用户的管理。

8-9 什么是组态软件中的内部变量? 什么是 I/O 变量?

答: 外部变量或称为 I/O 变量。这些变量是组态软件数据库中定义的与现场 I/O 设备连接的变量，模拟输入和输出设备就对应模拟 I/O 变量；而数字设备，如电动机的启、停和故障等信号，就对应数字 I/O 变量。

内部变量或称为内存变量。这些变量虽然在数据库中定义，但它们不和现场设备连接，它们主要是为了实现某些功能而定义的临时变量。

第2章 实验指导

作为实践性很强的课程，加强实验能力的培养具有重要意义。本部分重点从实验教学环节入手，采用理论结合实际的方法，加深读者对可编程控制器的理解。

目前电气控制与PLC应用实验装置各不相同，所选择的电器元件和PLC型号也各不相同，且实验线路也不同，但是其基本结构和原理大体相同，基本功能、指令系统与编程方法十分相似。为了兼顾各种实验设备，本实验指导以当前最为常用的电器型号规格和最为流行的西门子PLC为控制核心，选择S7-200中最为典型的CPU模块CPU224作为主机，可以扩展相应的数字量或模拟量模块。实验指导给出了控制原理图和参考程序，学习的重点在于对原理的理解、算法的设计及控制程序的实现。

本部分的前两个实验完全由电器元件组成控制线路，实现控制要求；从第3个实验开始均以PLC为控制器实现控制要求。

实验1 三相异步电动机正、反转控制（电气控制）

1. 实验目的

（1）理解连锁。

（2）理解三相异步电动机接触器连锁的正反转控制的基本原理。

（3）掌握三相异步电动机接触器连锁的正反转控制的接线和操作方法。

2. 实验设备

实验设备见表2-1。

表2-1 实验设备明细

代号	名称	型号	规格	数量
M	三相异步电动机	Y-112M-4	4kW、380V、△接法	1
QK	开关	HZ10-25-3	三极额定电流25A	1
FU1	螺旋式熔断器	RL1-60/25	500V、60A，配熔体额定电流25A	3
FU2	螺旋式熔断器	RL1-15/2	500V、15A，配熔体额定电流2A	2
KM1、KM2	交流接触器	CJ10-20	20A、线圈电压380V	2
SB1、SB2、SB3	按钮	LA4-3H	保护式、两个动合，一个动断触点	3
XT	端子排	JX2-1015	10A、15A	1
FR	热继电器	JR16-20/3	三极、20A	1
	木板（控制板）		650mm×500mm×50mm	1
	万用表	MF500-B		1

3. 预习要求

(1) 理解自锁、互锁的概念。

(2) 掌握三相异步电动机正、反转控制线路原理，如图 2-1 所示。

(3) 了解三相异步电动机的旋转方向。

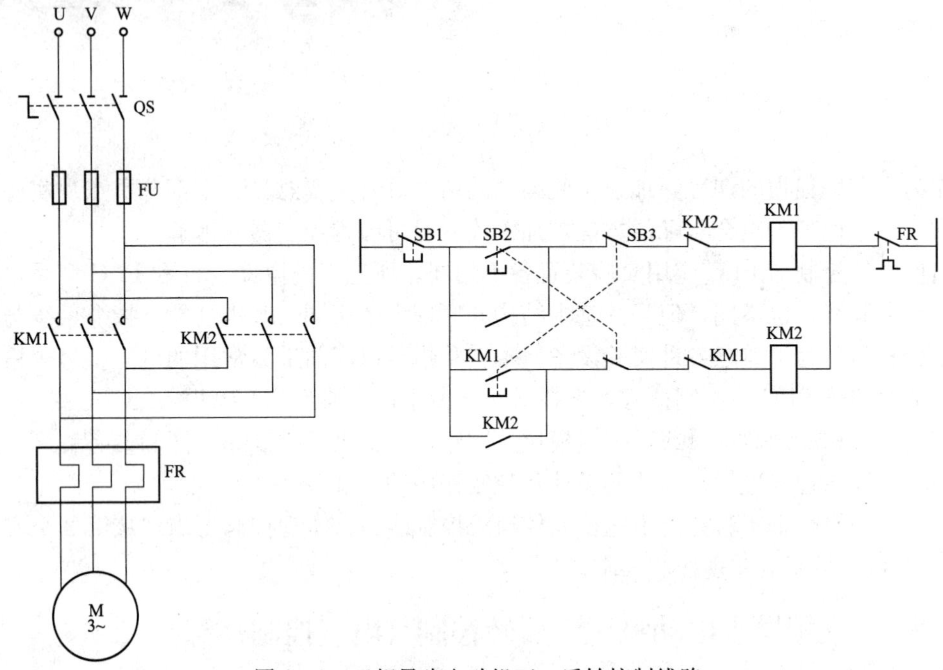

图 2-1　三相异步电动机正、反转控制线路

4. 实验内容

(1) 实验准备工作。在连接控制实验线路前，应熟悉按钮开关、交流接触器、热继电器的结构形式、动作原理及接线方式和方法；将所使用的主要实验电器的型号、规格及额定参数记录下来，并理解和体会各参数的实际意义；应对电动机进行绝缘检查。

(2) 安装电器元件。在木板上将电器元件摆放均匀、整齐、紧凑、合理，并用螺丝进行安装。注意组合开关、熔断器的受电端子应安装在控制板的外侧，并使熔断器的受电端为底座的中心端；紧固各元件时应用力均匀，紧固程度应适当。

(3) 安装图 2-1 所示的正确接线。先将主电路的导线配完后，再配控制回路的导线；布线时还应符合平直、整齐、紧贴敷设面、走线合理及节点不得松动等要求，导线必须通过走线槽敷设，敷设时具体注意以下几点。

1) 走线通道应尽量少，同一通道中的沉底导线按主、控回路分类集中，单层平行密排。

2) 同一平面的导线应高低一致，不能交叉。

3) 布线应横平竖直，变换走向应垂直。

4) 导线与接线端子或线桩连接时，应不压绝缘层、不反圈及不露铜过长，并做到同一元件同一回路不同节点的导线间距离保持一致。

5) 一个电器元件接线端子上的连接导线不得超过两根，每节连接端子板上的连接导线一般只允许连接一根。

6）布线时，严禁损伤线芯和导线绝缘。

7）布线时，不在控制板上的电器元件要从端子板上引出。

（4）控制操作。

1）接通电源，合上刀开关 QK。

2）正向启动：按下启动按钮 SB2，观察线路和电动机运行有无异常情况，并观察电动机、控制电器的动作情况和电动机的旋转方向。

3）停止运行：按下停止按钮 SB1，接触器 KM1 线圈失电，KM1 自锁触点断开解除自锁，并且 KM1 主触点断开，电动机 M 失电停转。

4）反转起动：按下反转按钮 SB3，同时观察电动机、控制电器的动作情况和电动机的反转方向的改变情况。

5. 实验报告

（1）绘制出三相异步电动机的接触器按钮双重连锁控制电气原理图，并在原理图中标出连锁触点。

（2）记录仪器和设备的名称、规格和数量。

（3）根据实验操作，简要写出实验步骤。

（4）总结实验结果。

（5）写出本次实验的心得体会。

实验 2　三相异步电动机Y—△自动降压启动控制（电气控制）

1. 实验目的

（1）理解三相异步电动机Y—△自动降压启动的概念。

（2）理解三相异步电动机Y—△自动降压启动的基本原理

（3）掌握三相异步电动机Y—△自动降压启动控制的接线和操作方法。

（4）了解时间继电器的作用和动作情况。

2. 实验设备

实验设备明细见表 2-2。

表 2-2　实验设备明细

代号	名称	型号	规格	数量
M	三相异步电动机	Y-112M-4	4kW、380V、△接法	1
QK	开关	HZ10-25-3	三极额定电流 25A	1
FU1	螺旋式熔断器	RL1-60/25	500V、60A，配熔体额定电流 25A	3
FU2	螺旋式熔断器	RL1-15/2	500V、15A，配熔体额定电流 2A	2
KM1～KM3	交流接触器	CJ10-20	20A、线圈电压 380V	3
SB1、SB2	按钮	LA4-3H	保护式、两个动合，一个动断触点	2
XT	端子排	JX2-1015	10A、15A	1
KT	时间继电器	JS7-1A	5A，线圈电压 380V	1
FR	热继电器	JR16-20/3	三极、20A	1
	木板（控制板）		650mm×500mm×50mm	1
	万用表	MF500-B		1

3. 预习要求

（1）理解Y—△转换启动的作用。

（2）掌握控制线路及电路组成，如图 2-2 所示。

（3）了解时间继电器的正确使用方法。

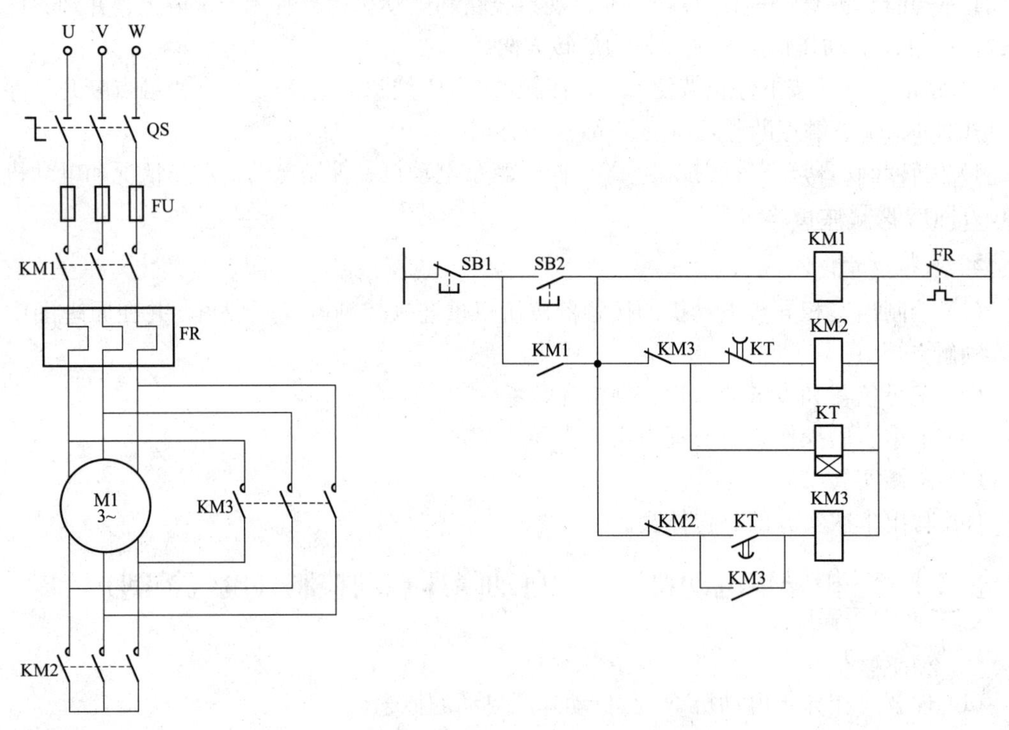

图 2-2　三相异步电动机Y—△减压启动控制线路

4. 实验要求

（1）实验准备工作。在连接控制实验线路前，应熟悉按钮开关、交流接触器、热继电器和时间继电器的结构形式、动作原理及接线方式和方法；将所使用的主要实验电器的型号、规格及额定参数记录下来，并理解和体会各参数的实际意义；应对电动机进行绝缘检查。

（2）安装电器元件。在木板上将电器元件摆放均匀、整齐、紧凑、合理，并用螺钉进行安装。注意组合开关、熔断器的受电端子应安装在控制板的外侧，并使熔断器的受电端为底座的中心端；紧固各元件时应用力均匀，紧固程度应适当。

（3）安装图 2-2 所示的正确接线。先将主电路的导线配完后，再配控制回路的导线；布线时还应符合平直、整齐、紧贴敷设面、走线合理及节点不得松动等要求，导线必须通过走线槽敷设，敷设时具体注意以下几点。

1）走线通道应尽量少，同一通道中的沉底导线按主、控回路分类集中，单层平行密排。

2）同一平面的导线应高低一致，不能交叉。

3）布线应横平竖直，变换走向应垂直。

4）导线与接线端子或线桩连接时，应不压绝缘层、不反圈及不露铜过长，并做到同一元件同一回路不同节点的导线间距离保持一致。

5）一个电器元件接线端子上的连接导线不得超过两根，每节连接端子板上的连接导线一般只允许连接一根。

6）布线时，严禁损伤线芯和导线绝缘。

7）布线时，不在控制板上的电器元件要从端子板上引出。

（4）控制操作。

1）接通电源，合上刀开关 QK。

2）启动控制：按下启动按钮 SB1，接触器 KM1 和 KM2、时间继电器通电，电动机定子绕组接成Y形减压启动，延时到，时间继电器延时触点动作，接触器 KM2 断电，接触器 KM3 通电，电动机定子绕组接成△形全压运行。

3）停止控制：按下停止按钮 SB1，接触器 KM1 和 KM3 断电，其主触点断开，电动机 M 断电停转。

实验 3　熟悉 S7－200 CPU 及编程软件

1. 实验目的

（1）熟悉 S7－200 CPU 模块的基本组成和使用方法。

（2）熟悉 STEP7－Micro/Win32 编程软件及运行环境。

（3）掌握编写程序的方法。

2. 实验设备

安装了 STEP7－Micro/Win32 编程软件的计算机一台，S7－200 CPU224 一台，PC/PPI编程电缆一根，模拟输入开关一套，导线若干。

3. 预习要求

（1）预习 S7－200 CPU 模块的相关知识。

（2）写出建立计算机与 S7－200 PLC 通信的步骤。

（3）自己动手编写简单的程序。

（4）编写预习报告。

4. 实验内容

（1）熟悉 S7－200 PLC 的基本组成。仔细观察 S7－200 CPU 的输入点、输出点的数量及其类型，输入、输出状态指示灯，通信端口等。

1）S7－200 CPU 模块的外部特征。基本单元（S7－200 CPU 模块）也称为主机，由中央处理器单元（CPU）、电源及数字量输入/输出单元组成。这些部件均被紧凑地安装在一个独立的装置中。基本单元可以构成一个独立的控制系统。

在 CPU 模块的顶部端子盖内有电源及输出端子；在底部端子盖内有输入端子及传感器电源；在中部右侧前盖内有 CPU 工作方式开关（RUN/STOP）、模拟调节电位器和扩展 I/O 连接接口；在模块的左侧分别有状态 LED 指示灯、存储卡及通信接口，如图 2－3 所示。

2）S7－200 CPU224 的主要性能。S7－200 CPU224 集成了 14 个输入、10 个输出共

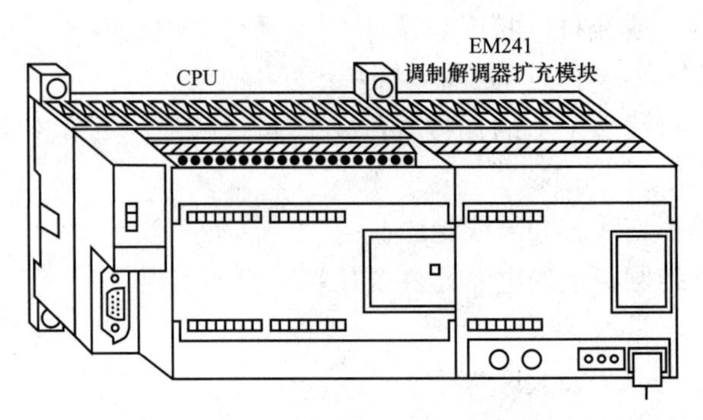

图 2-3 S7-200 CPU 模块

24 个数字量 I/O 点，可连接 7 个扩展模块，最大扩展至 168 路数字量 I/O 点或 35 路模拟量 I/O 点有 13KB 程序和数据存储空间，有 6 个独立的 30kHz 高速计数器，两路独立的 20kHz 高速脉冲输出，具有 PID 控制器，一个 RS-485 通信/编程口，具有 PPI 通信协议、MPI 通信协议和自由方式通信能力。I/O 端子排可以很容易地整体拆卸。

S7-200 CPU224 模块有两种类型，不同类型的技术指标见表 2-3。

表 2-3　两种类型的 S7-200 CPU224 模块参数说明

类型	CPU224 DC/DC/DC 24V DC 供电电源 24V DC 输入 24V DC 输出	CPU224 AC/AC/继电器 100～230V AC 供电电源 24V DC 输入 继电器输出
电源输入电压	20.4～28.8V DC	85～264V AC（47～63Hz）
24V DC 传感器电源	L+（24V−5V）	20.4～28.8V DC
数字量输入特性	24V DC 逻辑 0 信号最大值：5V DC，1mA 逻辑 1 信号最小值：15V DC，2.5mA	24V DC 逻辑 0 信号最大值：5V DC，1mA 逻辑 1 信号最小值：15V DC，2.5mA
数字量输出类型	固态——MOSFET（源型）	干触点
数字量输出额定电压	24V DC	24V DC 或 250V AC
数字量输出电压范围	20.4～28.8V DC	5～30V DC 或 5～250V AC
输出每点额定电流	0.75A	2.0A

（2）熟悉 STEP7-Micro/Win32 编程软件。STEP7-Micro/Win32 编程软件的安装和普通的 Windows 应用程序方法大致相同，具体参考教材即可。STEP7-Micro/Win32 软件界面如图 2-4 所示。

（3）掌握计算机与 S7-200PLC 建立通信的步骤。安装好 STEP7-Micro/Win32 编程软件以后，连接硬件设备，进行参数的设置。

1）把 PC/PPI 电缆的 PC 端连接到计算机的 RS-232 通信口（可以是 COM1 或 COM2 中的任意一个），把 PC/PPI 电缆的 PPI 端连接到 PLC 的 RS-485 编程口。然后设置 PC/PPI电缆上的 DIP 开关，选定计算机所支持的波特率和帧模式。DIP 开关中用开关 1、2、3 设置波特率，用开关 4、5 设置帧模式。

2）打开编程软件中的通信对话框。方法有两种：在 STEP7-Micro/Win32 运行时，

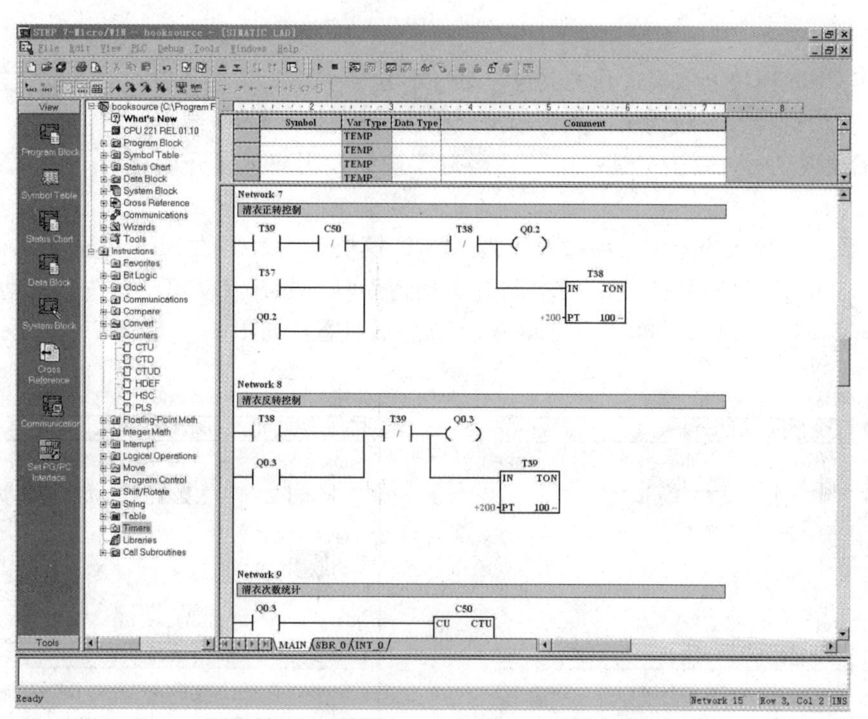

图 2-4　STEP7-Micro/Win32 软件界面

单击通信图标；或从“检视”菜单中选择“通信”选项。

3）打开 PG/PC 接口的对话框，在对话框中双击 PC/PPI 电缆的图标即可。

4）打开“接口属性”对话框。具体操作是单击“属性”按钮，检查各参数的属性是否正确，在默认情况下，S7-200 PLC 的通信口处于 PPI 从站模式，地址为 2，通信波特率为 9.6kbps。要更改通信口的地址或通信速率，必须在系统块中的“通信端口”选项卡中进行设置，然后将系统块下载到 CPU 中，新的设置才能起作用。

（4）练习编程软件中的编辑、编译、下载、运行、上载、修改程序等基本操作。

1）打开 STEP7-Micro/Win32 编程软件，执行菜单命令“文件”→“新建”，或单击工具条上最左边的“新建项目”图标，生成一个新的项目。

2）执行菜单命令“PLC”→“类型”，设置 PLC 的类型。

3）用“检视”菜单选择 PLC 的编程语言。执行菜单命令“工具”→“选项”，在“一般”对话框的“一般”选项卡中，选择 SIMATIC 指令集或“国标”助记符集，还可以选择默认的程序编程器。

4）在主程序 OB1 中输入图 2-5 所示的梯形图程序。

5）单击工具条中的“编译”或“全部编译”按钮，编译输入的程序。如果程序有错误，则编译后将在输出窗口显示与错误有关的信息。双击显示的某一条错误，程序编辑器中的矩形光标将移到该错误所在的网络。必须改正程序中的所有错误。编译成功后，

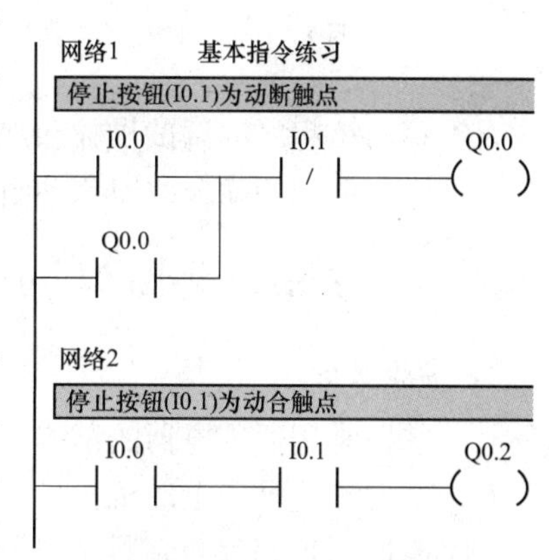

图 2-5　输入/输出点测试

才能下载程序。

6）将 CPU 模块上的模式开关放在非 STOP 位置。单击工具条中的“下载”按钮，在下载对话框中选择要下载的块，然后单击“下载”按钮，开始下载。

7）下载成功后，单击工具栏中的“运行”按钮，用户程序开始运行，“RUN”LED 灯亮。

断开数字量输入板上的全部输入开关，CPU 模块上输入侧的 LED 灯全部熄灭。用接在端子 I0.0 的开关模拟按钮的操作，将开关接通后马上断开（模拟动合按钮的动作），发出启动信号，观察 Q0.0 和 Q0.2 对应的 LED 灯的状态，如图 2-6 和图 2-7 所示。

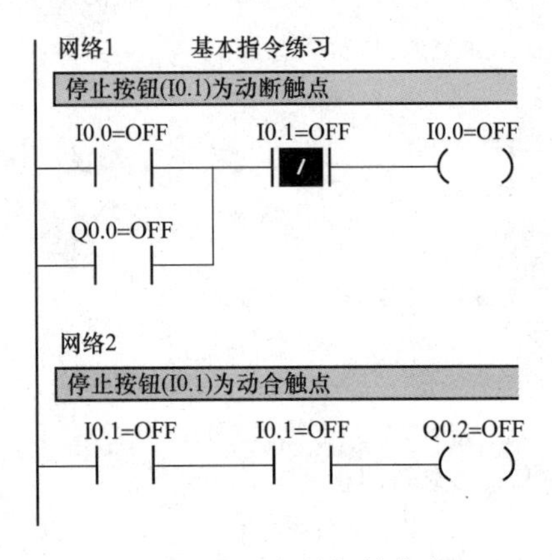

图 2-6 运行的初始状态

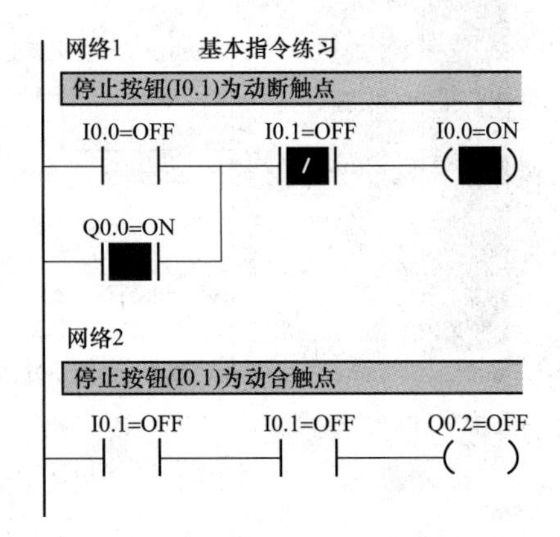

图 2-7 I0.0 接通又断开的结果

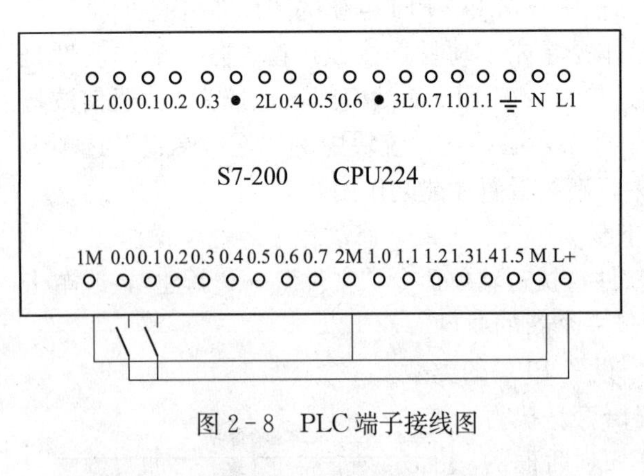

图 2-8 PLC 端子接线图

自己动手模拟动断按钮（继电—接触器控制系统中常用的停止按钮）的动作，观察输出结果并做好记录。

PLC 接线图如图 2-8 所示。CPU224 的 L+端子为传感器电源 24V DC，可以输出 600mA 电流，实验时输入端子不用外接电源。

5. 实验报告

（1）整理实验记录，认真编写实验报告。

（2）写出该程序的调试步骤和观察结果。

（3）说明分别用动合按钮和动断按钮作为停止按钮使用时，在编程时有什么区别。

实验 4 三相异步电动机正、反转控制

1. 实验目的

（1）掌握常用低压电器的结构、原理和使用方法。

（2）掌握三相异步电动机正、反转主回路的接线。

（3）掌握用可编程控制器实现电动机正、反转过程的编程方法。

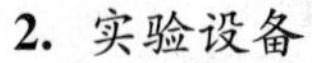

2. 实验设备

安装了 STEP7 - Micro/Win32 编程软件的计算机一台，S7 - 200 CPU224 一台，DC24V 电源一台（可选），PC/PPI 编程电缆一根，按钮三个，导线若干。

本实验采用 PLC 软件模拟电动机的正、反转控制，若有条件，则可以自己用接触器、电动机等实物与 PLC 接线，实现控制要求。

3. 预习要求

(1) 复习常用低压电器的结构、原理和使用方法等知识。

(2) 编写控制程序，实现控制要求：三相异步电动机可实现正—反—停控制，具有防止相间短路的措施。

4. 实验内容

(1) 熟悉三相异步电动机正、反转继电—接触器控制的原理及接线方法。

(2) 掌握可编程控制器的外部接线方法。三相电动机正、反转 PLC 控制 I/O 分配表见表 2 - 4。PLC 的接线图如图 2 - 9 所示。图中输入点的 DC24V 电源由外部提供。如果没有外部 DC24V 电源，则也可以使用 CPU224 模块所带有的 DC24V 传感器电源。

表 2 - 4　　I/O 分配表

输入信号	停止按钮 SB1	I0.0
	正转按钮 SB2	I0.1
	反转按钮 SB3	I0.2
输出信号	接触器 KM1	Q0.2
	接触器 KM2	Q0.3

(3) 掌握用可编程控制器实现三相异步电动机正、反转控制的编程方法。在图 2 - 9 中，电动机由接触器 KM1、KM2 控制，其中 KM1 控制电动机正转，KM2 控制电动机反转。KM1 与 KM2 不能同时吸合，否则将产生电源短路，这种接法为接触器硬件互锁。在程序设计过程中，应实现正—反—停自由切换，同时设置软件互锁，以防止反转换接时的相间短路。通过硬件接线和程序设计实现了双重互锁，使安全系数大大提高。

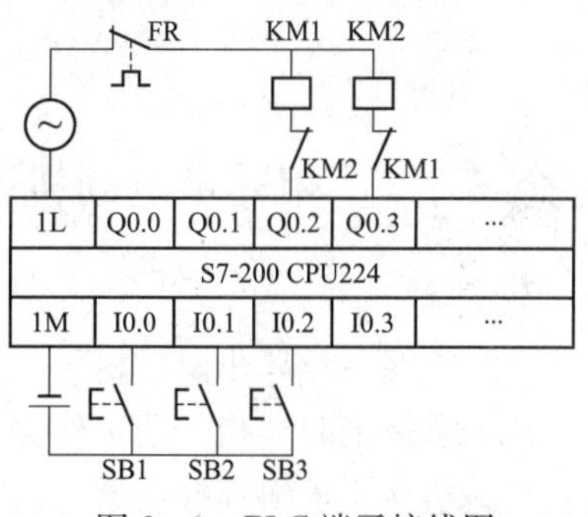

图 2 - 9　PLC 端子接线图

三相异步电动机正、反转控制梯形图如图 2 - 10 所示。正转运行程序状态图如图 2 - 11 所示。

认真检查接线，准确无误后按下正转按钮，输出线圈 Q0.2 接通，电动机正转；按下反转按钮，输出线圈 Q0.2 断开，Q0.3 接通，电动机反转；按下停止按钮，电动机停转。

5. 实验报告

(1) 整理实验记录，认真编写实验报告。

(2) 写出该程序的调试步骤和观察结果。

(3) 本实验可以实现电动机正、反转直接切换，为了增加安全系数，要求电动机正、反转直接切换的延时时间为 2s，通过利用定时器编写梯形图加以实现。

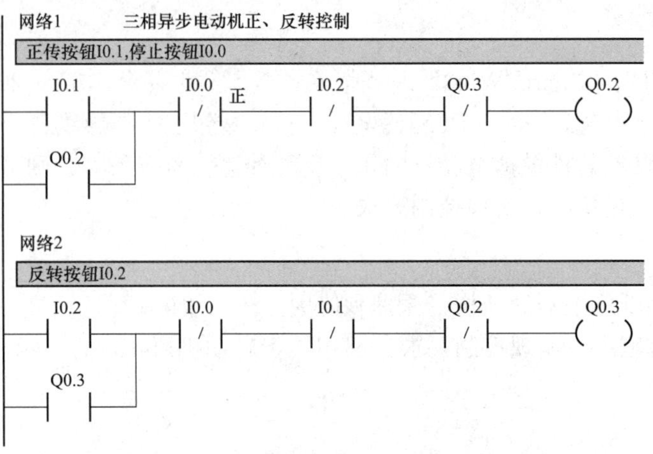

图 2-10 三相异步电动机正、反转控制梯形图

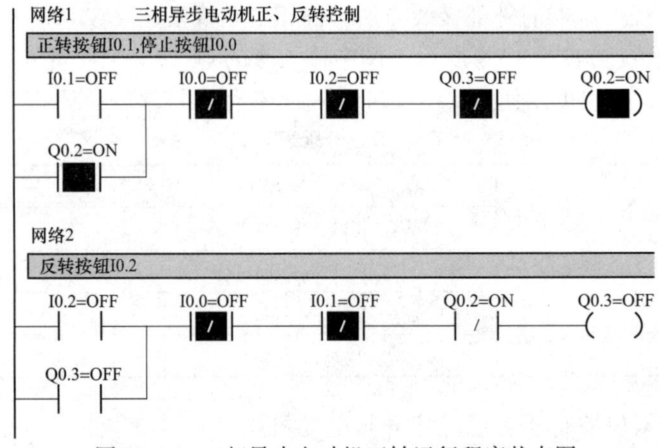

图 2-11 三相异步电动机正转运行程序状态图

实验 5 三相异步电动机Y—△降压自动启动控制

1. 实验目的

(1) 掌握三相异步电动机Y—△降压启动控制回路的接线方法。

(2) 掌握定时器指令的工作原理及其编程方法。

(3) 学会用可编程控制器实现三相异步电动机Y—△降压启动的编程方法。

2. 实验设备

安装了 STEP7 - Micro/Win32 编程软件的计算机一台，S7 - 200 CPU224 一台，DC24V 电源一台（可选），PC/PPI 编程电缆一根，按钮三个，导线若干。

本实验采用 PLC 软件模拟电动机的Y—△降压起动过程，若有条件，则可以自己用接触器、电动机等实物与 PLC 接线，实现控制要求。

3. 预习要求

(1) 预习定时器指令的相关知识。

(2) 编写控制程序，实现控制要求：当按下起动按钮后，电动机先按照Y形连接启动，经延时后自己切换到△形连接实现正常运转。

4. 实验内容

(1) 熟悉三相异步电动机Y—△降压启动控制的原理及接线方法。

(2) 掌握可编程控制器的外部接线方法。三相异步电动机Y—△降压起动 PLC 控制 I/O分配表见表 2-5。

表 2-5　I/O 分配表

输入信号	停止按钮 SB1	I0.0
	启动按钮 SB2	I0.1
输出信号	接触器 KM1	Q0.1
	接触器 KM2	Q0.2
	接触器 KM3	Q0.3

PLC 端子接线图如图 2-12 所示。图 2-12 中，电动机由接触器、KM2、KM3 控制，其中 KM1 连接在电动机三相电源输入主电路中，KM2 将电动机定子绕组连接成三角形，KM3 将电动机定子绕组连接成星形。KM2 与 KM3 不能同时吸合，否则将产生电源短路。在程序设计过程中，应充分考虑由星形向三角形切换的时间，即由 KM3 完全断开（包括灭弧时间）到 KM2 接通这段时间应锁定，以防止电源短路。

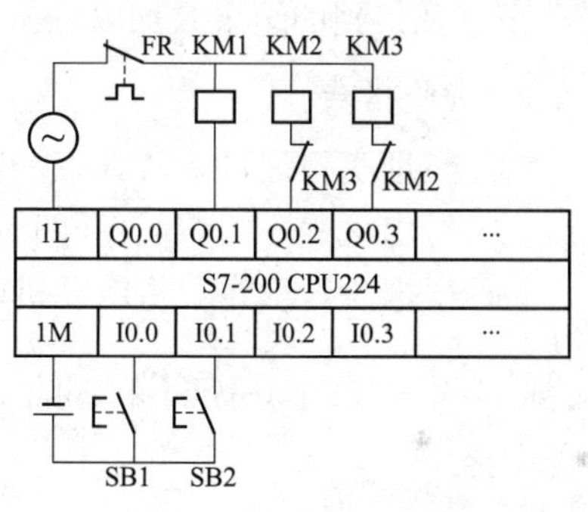

图 2-12　PLC 端子接线图

(3) 掌握用可编程控制器实现三相异步电动机Y—△降压启动的编程方法。三相异步电动机Y—△降压启动控制梯形图如图 2-13 所示。

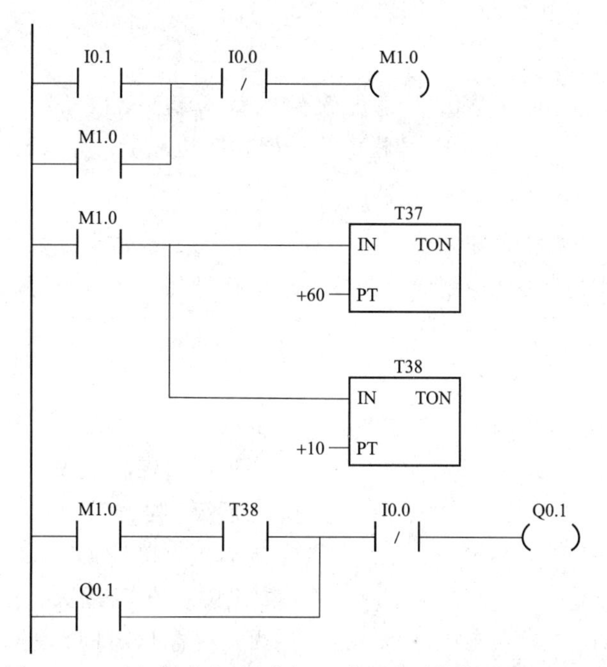

图 2-13　三相异步电动机Y—△降压启动控制梯形图（一）

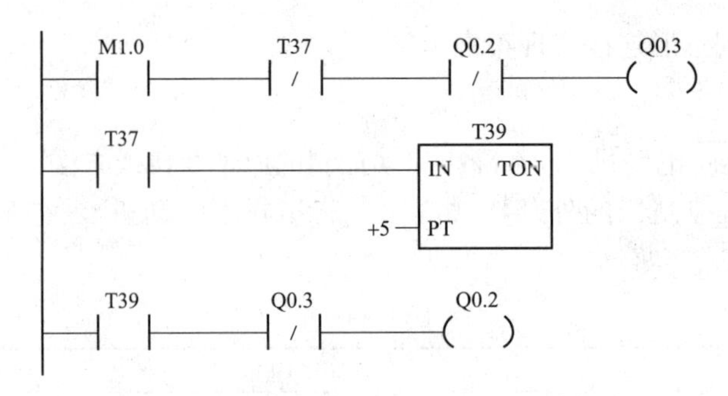

图 2－13　三相异步电动机Y—△降压启动控制梯形图（二）

认真检查接线，准确无误后按下启动按钮，电动机定子绕组连接成星形降压启动，延时一段时间后，电动机定子绕组由星形切换到三角形连接方式，投入全压运行。反复操作，记录观察到的结果并加以分析。

5. 实验报告

(1) 整理实验记录，认真编写实验报告。

(2) 写出该程序的调试步骤和观察结果。

(3) 根据参考程序分析电动机定子绕组由星形切换到三角形的延时时间是多少？

实验 6　喷泉的模拟控制

1. 实验目的

(1) 掌握喷泉模拟控制的工作原理。

(2) 掌握喷泉模拟控制系统 PLC 的 I/O 接线及编程方法。

(3) 学会用 PLC 设计较为复杂的控制系统。

2. 实验设备

安装了 STEP7－Micro/Win32 编程软件的计算机一台，S7－200 CPU224 一台，DC24V 电源一台（可选），PC/PPI 编程电缆一根，按钮三个，导线若干，实验台一套。

3. 预习要求

(1) 预习移位指令的相关知识。

(2) 编写控制程序，实现控制要求：按下启动按钮后，依次点亮相应的指示灯，模拟喷泉的效果。

4. 实验内容

(1) 控制要求。喷泉控制示意图如图 2－14 所示。

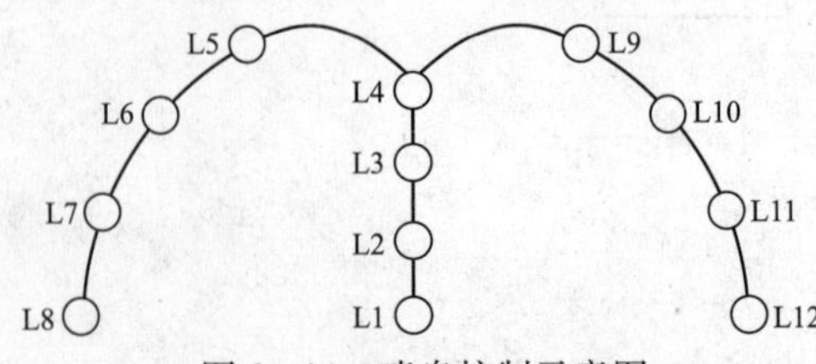

图 2－14　喷泉控制示意图

隔灯闪烁：L1 亮 0.5s 后灭，接着 L2 亮 0.5s 后灭，接着 L3 亮 0.5s 后灭，接着 L4 亮 0.5s 后灭，接着 L5、L9 亮 0.5s 后灭，接着 L6、L10 亮 0.5s 后灭，接着 L7、L11 亮 0.5s 后灭，接着 L8、L12 亮 0.5s 后灭，然后又是 L1 亮 0.5s 后灭…如此循环下去。

（2）I/O 分配。I/O 分配见表 2-6。

表 2-6　　I/O 分配表

输入信号	启动按钮	I0.0
	停止按钮	I0.1
输出信号	L1	Q0.0
	L2	Q0.1
	L3	Q0.2
	L4	Q0.3
	L5、L9	Q0.4
	L6、L10	Q0.5
	L7、L11	Q0.6
	L8、L12	Q0.7

（3）参考程序如图 2-15 所示。

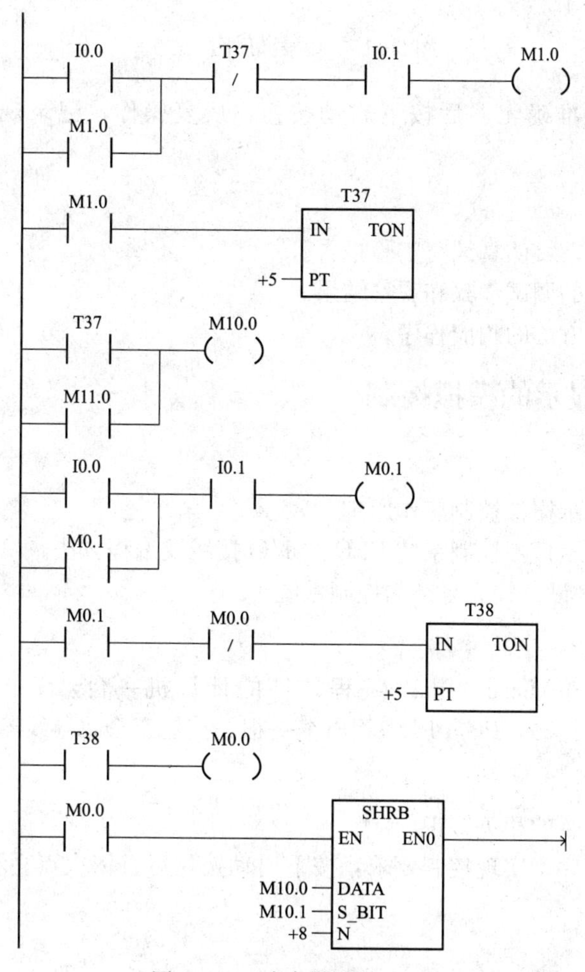

图 2-15　喷泉梯形图（一）

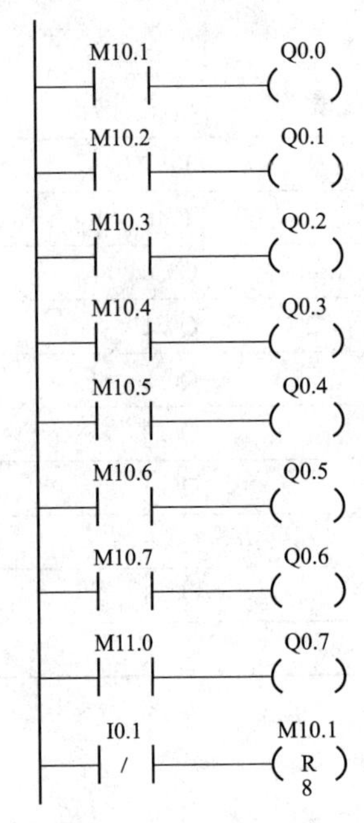

图 2-15　喷泉梯形图（二）

认真检查接线，准确无误后按下启动按钮，反复操作，记录观察到的结果并加以分析。

5. 实验报告

（1）整理实验记录，认真编写实验报告。

（2）写出该程序的调试步骤和观察结果。

（3）设计出不同方法的相应程序。

实验 7　数码显示的模拟控制

1. 实验目的

（1）掌握数码显示模拟控制工作原理。

（2）掌握数码显示模拟控制系统 PLC 的 I/O 接线及编程方法。

（3）学会用 PLC 设计较为复杂的控制系统。

2. 实验设备

安装了 STEP7 - Micro/Win32 编程软件的计算机一台，S7 - 200 CPU224 一台，DC24V 电源一台（可选），PC/PPI 编程电缆一根，按钮三个，导线若干，实验台一套。

3. 预习要求

（1）预习移位指令的相关知识。

（2）编写控制程序，实现控制要求：按下启动按钮后，依次点亮相应的指示灯，模拟数码显示的效果。

4. 实验内容

（1）控制要求。数码显示控制示意图如图 2-16 所示。

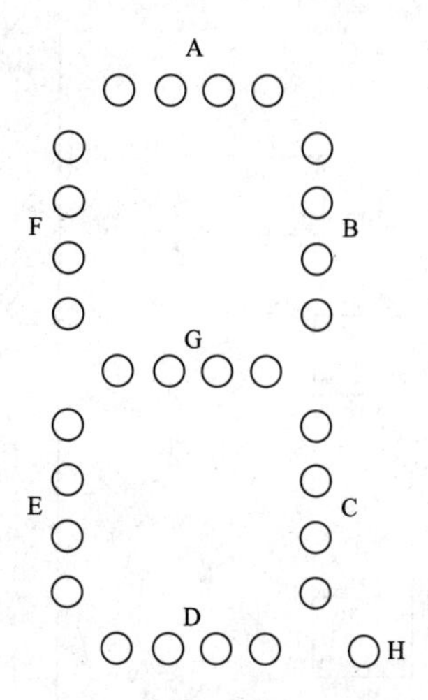

图 2－16　数码显示控制示意图

显示过程为：A→B→C→D→E→F→G→H→ABCDEF→BC→ABDEG→ABCDG→BCFG→ACDFG→ACDEFG→ABC→ABCDEFG→ABCDFG→A→B→C …如此循环下去。

(2) I/O 分配。I/O 分配见表 2－7。

表 2－7　　I/O 分配表

输入信号	启动按钮	I0.0
	停止按钮	I0.1
输出信号	A	Q0.0
	B	Q0.1
	C	Q0.2
	D	Q0.3
	E	Q0.4
	F	Q0.5
	G	Q0.6
	H	Q0.7

(3) 参考程序如图 2－17 所示。

认真检查接线，准确无误后按下启动按钮，反复操作，记录观察到的结果并加以分析。

5. 实验报告

(1) 整理实验记录，认真编写实验报告。

(2) 写出该程序的调试步骤和观察结果。

(3) 设计出不同方法的程序。

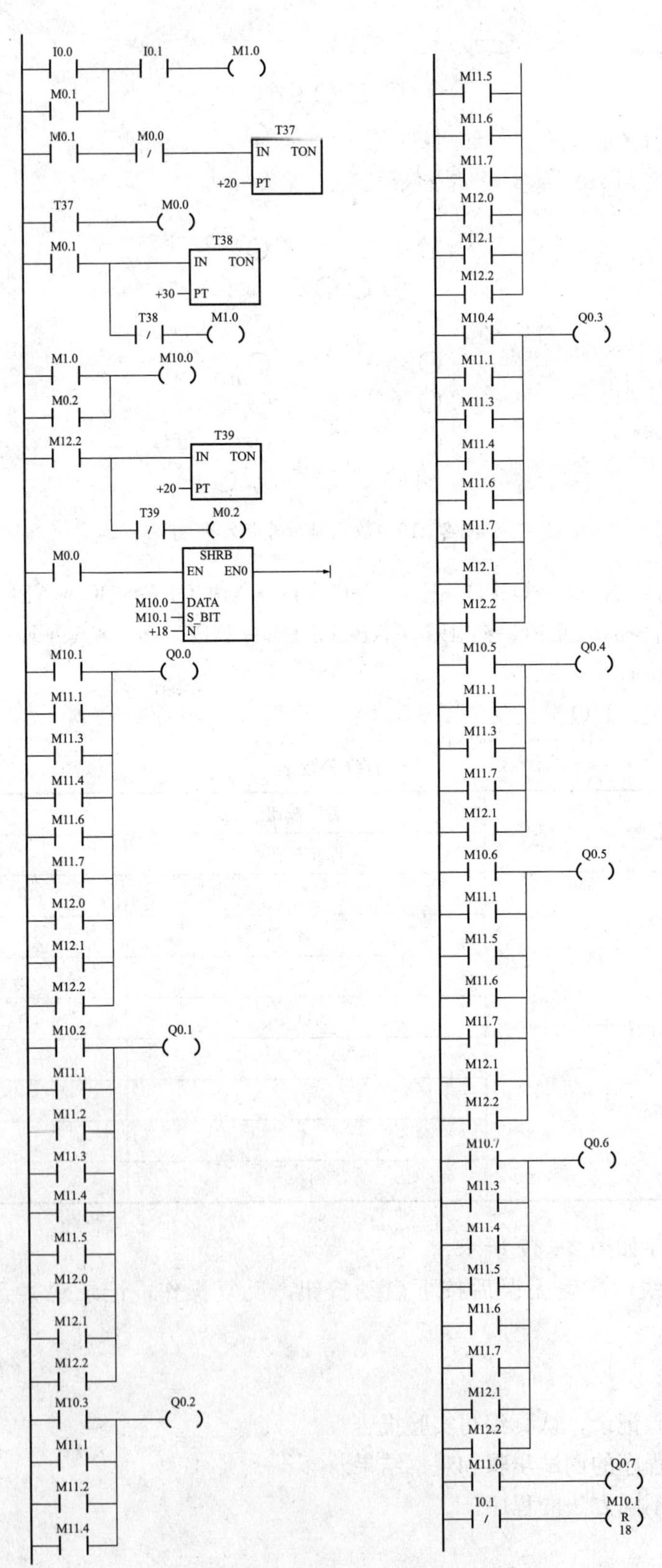

图 2-17　数码显示控制梯形图

实验 8 舞台灯光的模拟控制

1. 实验目的

（1）掌握舞台灯光模拟控制的工作原理。

（2）掌握舞台灯光模拟控制系统 PLC 的 I/O 接线及编程方法。

（3）学会用 PLC 设计较为复杂的控制系统。

2. 实验设备

安装了 STEP7 - Micro/Win32 编程软件的计算机一台，S7 - 200 CPU224 一台，DC24V 电源一台（可选），PC/PPI 编程电缆一根，按钮三个，导线若干，实验台一套。

3. 预习要求

（1）预习移位指令的相关知识。

（2）编写控制程序，实现控制要求：按下启动按钮后，依次点亮相应的指示灯，模拟舞台灯光的效果。

4. 实验内容

（1）控制要求。舞台灯光模拟控制示意图如图 2 - 18 所示。

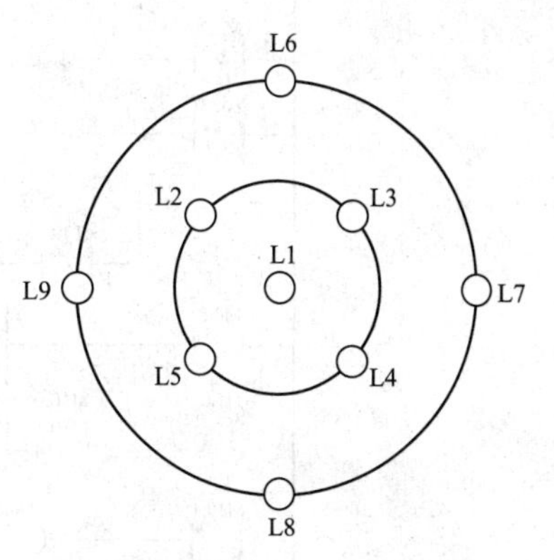

图 2 - 18 舞台灯光控制示意图

点亮过程为：L1、L2、L9→L1、L5、L8→L1、L4、L7→L1、L3、L6→L1→L2、L3、L4、L5→L6、L7、L8、L9→L1、L2、L6→L1、L3、L7→L1、L4、L8→L1、L5、L9→L1→L2、L3、L4、L5→L6、L7、L8、L9→L1、L2、L9→L1、L5、L8…如此循环下去。

（2）I/O 分配。I/O 分配见表 2 - 8。

表 2 - 8　　I/O 分配表

输入信号	启动按钮	I0.0
	停止按钮	I0.1
输出信号	L1	Q0.0
	L2	Q0.1
	L3	Q0.2
	L4	Q0.3
	L5	Q0.4
	L6	Q0.5
	L7	Q0.6
	L8	Q0.7
	L9	Q1.0

（3）参考程序如图 2 - 19 所示。

认真检查接线，准确无误后按下启动按钮，反复操作，记录观察到的结果并加以分析。

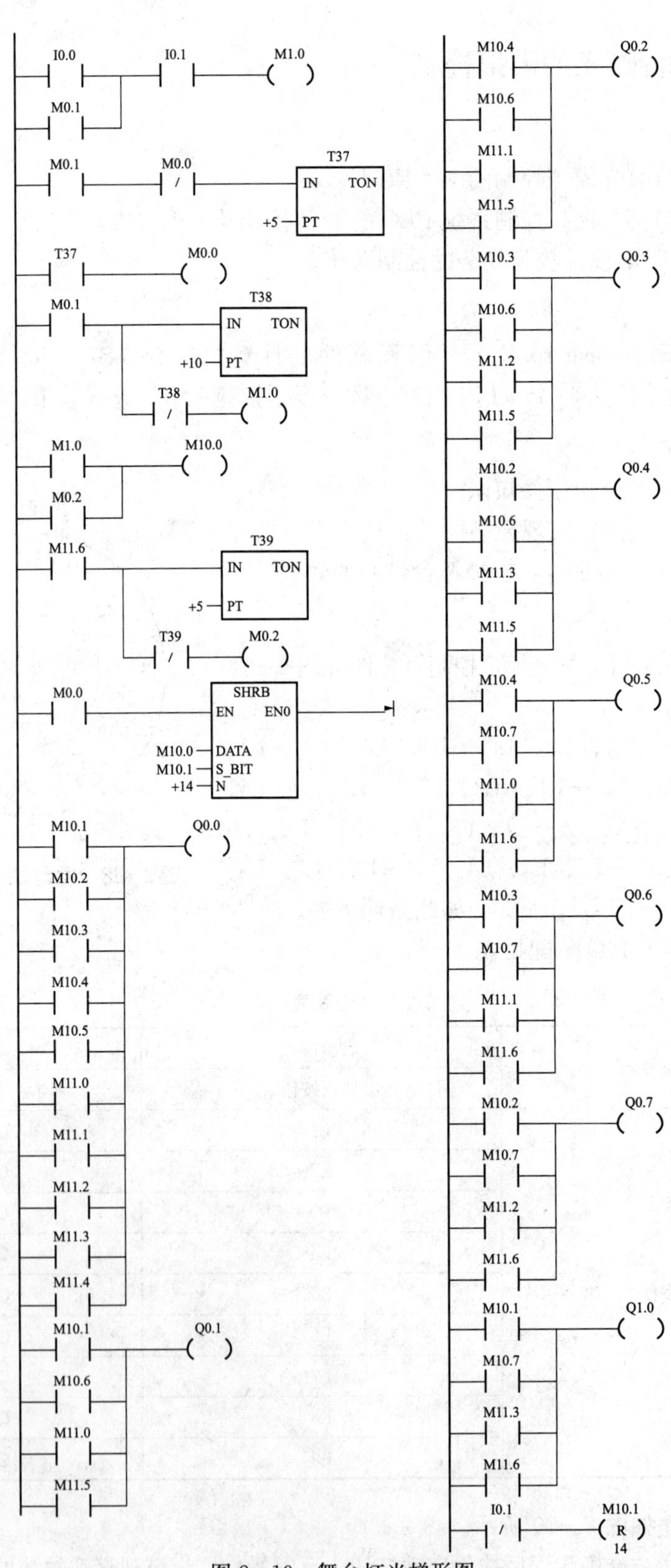

图 2－19　舞台灯光梯形图

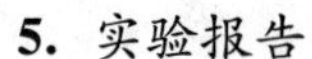

5. 实验报告

(1) 整理实验记录，认真编写实验报告。

(2) 写出该程序的调试步骤和观察结果。

(3) 设计出不同方法的相应程序。

实验 9 交通灯的模拟控制

1. 实验目的

(1) 掌握交通灯模拟控制的工作原理。

(2) 掌握交通灯模拟控制系统 PLC 的 I/O 接线及编程方法。

(3) 学会用 PLC 设计较为复杂的控制系统。

2. 实验设备

安装了 STEP7 - Micro/Win32 编程软件的计算机一台，S7 - 200 CPU224 一台，DC24V 电源一台（可选），PC/PPI 编程电缆一根，按钮三个，导线若干，实验台一套。

3. 预习要求

(1) 预习定时器指令的相关知识，学会时间分段的设计方法。

(2) 编写控制程序，实现控制要求：按下启动按钮后，依次点亮相应的指示灯，模拟交通灯的效果。

4. 实验内容

(1) 控制要求。交通灯模拟控制示意图如图 2 - 20 所示。

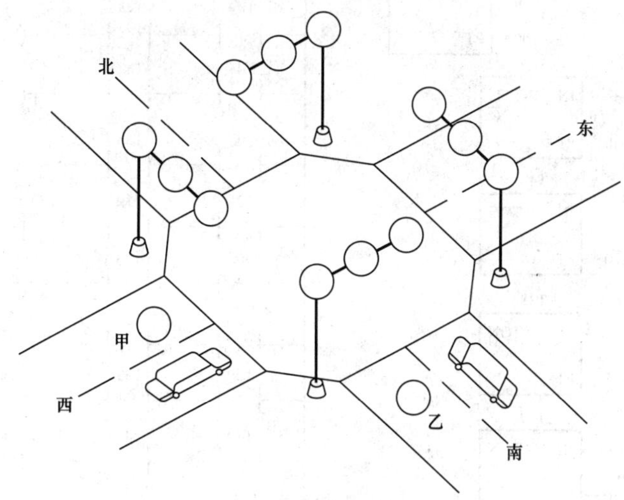

图 2 - 20 交通灯模拟控制示意图

启动后，南北红灯亮并维持 25s。在南北红灯亮的同时，东西绿灯也亮，1s 后，东西车灯即甲亮。到 20s 时，东西绿灯闪亮，3s 后熄灭，在东西绿灯熄灭后东西黄灯亮，同时甲灭。黄灯亮 2s 后灭，东西红灯亮。与此同时，南北红灯灭，南北绿灯亮。1s 后，南北车灯（即乙）亮。南北绿灯亮了 25s 后闪亮，3s 后熄灭，同时乙灭，黄灯亮 2s 后熄灭，南北红灯亮，东西绿灯亮，如此循环下去。

（2）I/O 分配。I/O 分配见表 2－9。

表 2－9　　I/O 分配表

输入信号	启动按钮	I0.0
输出信号	南北红灯	Q0.0
	南北黄灯	Q0.1
	南北绿灯	Q0.2
	南北车灯	Q0.6
	东西红灯	Q0.3
	东西黄灯	Q0.4
	东西绿灯	Q0.5
	东西车灯	Q0.7

（3）参考程序如图 2－21 所示。

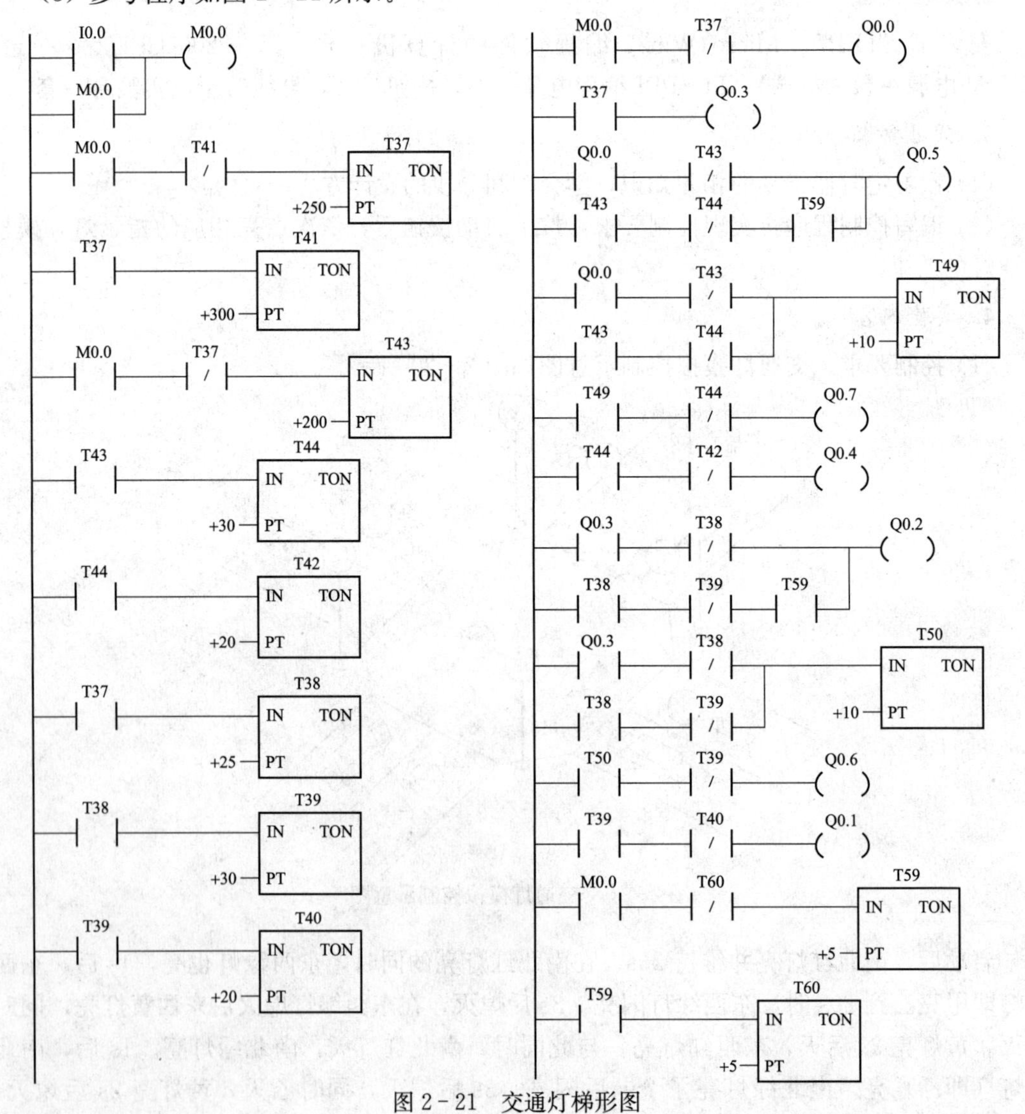

图 2－21　交通灯梯形图

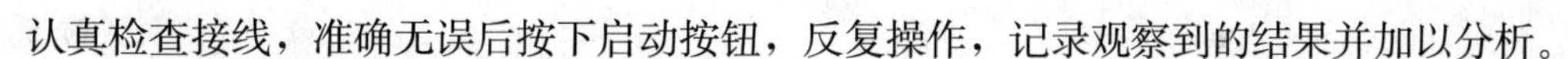

认真检查接线，准确无误后按下启动按钮，反复操作，记录观察到的结果并加以分析。

5. 实验报告

(1) 整理实验记录，认真编写实验报告。

(2) 写出该程序的调试步骤和观察结果。

(3) 设计出不同方法的相应程序。

实验10　四节传送带的模拟控制

1. 实验目的

(1) 掌握四节传送带模拟控制的工作原理。

(2) 掌握四节传送带模拟控制系统 PLC 的 I/O 接线及编程方法。

(3) 学会用 PLC 设计较为复杂的控制系统。

2. 实验设备

安装了 STEP7 - Micro/Win32 编程软件的计算机一台，S7 - 200 CPU224 一台，DC24V 电源一台（可选），PC/PPI 编程电缆一根，按钮三个，导线若干，实验台一套。

3. 预习要求

(1) 预习定时器指令的相关知识，学会时间分段的设计方法。

(2) 编写控制程序，实现控制要求：按下启动按钮后，依次点亮相应的指示灯，模拟四节传送带的效果。

4. 实验内容

(1) 控制要求。四节传送带模拟控制示意图如图 2 - 22 所示。

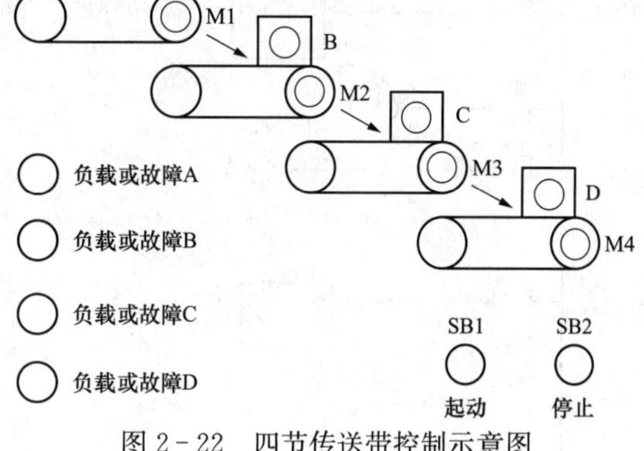

图 2 - 22　四节传送带控制示意图

启动后，先启动最末的皮带机，1s 后再依次启动其他的皮带机；停止时，先停止最初的皮带机，1s 后再依次停止其他的皮带机；当某条皮带机发生故障时，该机及前面的应立即停止，以后的每隔 1s 顺序停止；当某条皮带机有重物时，该皮带机前面的应立即停止，该皮带机运行 1s 后停止，再 1s 后接下去的一台停止，依此类推。

(2) I/O 分配。I/O 分配见表 2 - 10。

表 2 - 10　　I/O 分配表

输入信号	启动按钮	I0.0
	停止按钮	I0.5
	负载或故障 A	I0.1
	负载或故障 B	I0.2
	负载或故障 C	I0.3
	负载或故障 D	I0.4

续表

输出信号	M1	Q0.1
	M2	Q0.2
	M3	Q0.3
	M4	Q0.4

（3）参考程序如图 2－23～图 2－24 所示。

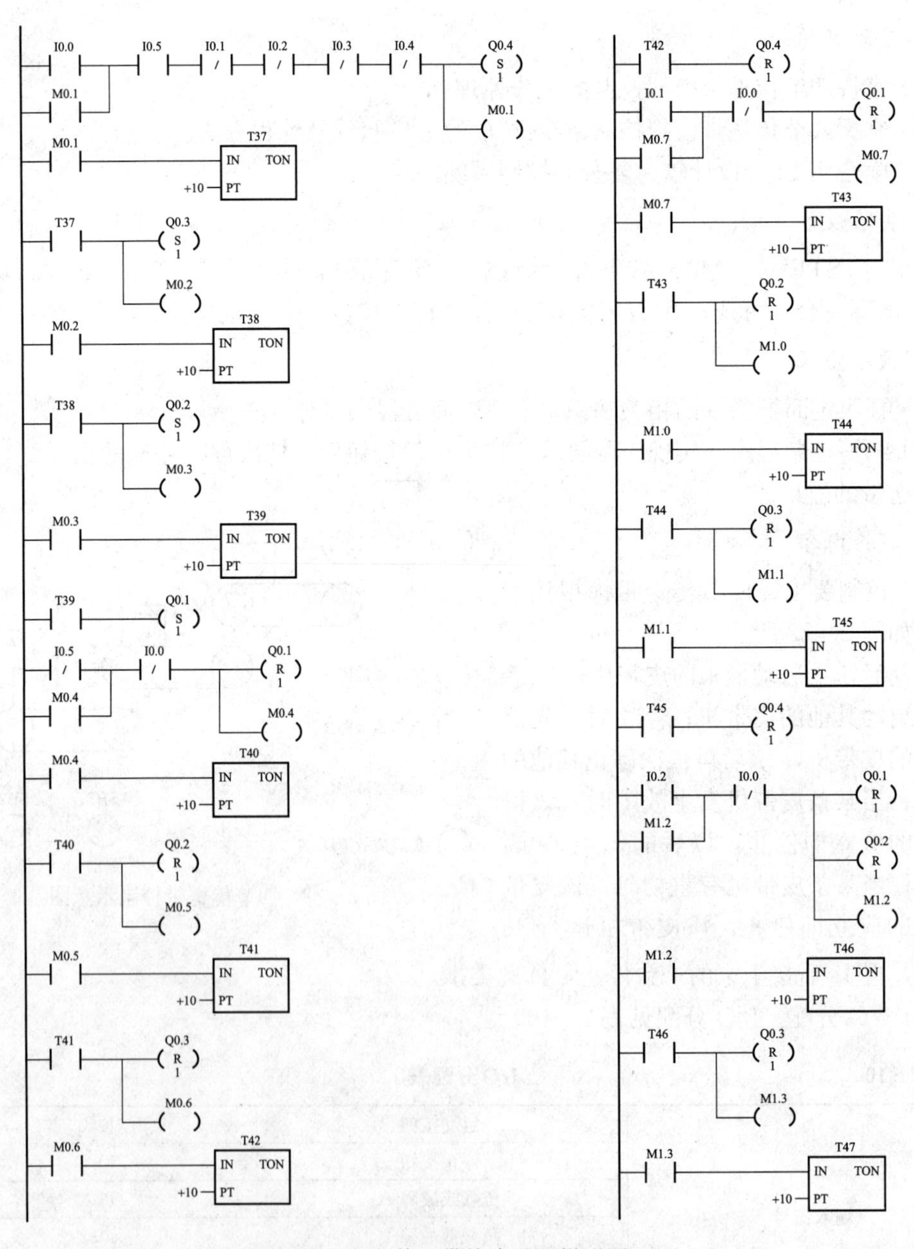

图 2－23　四节传送带故障设置梯形图（一）

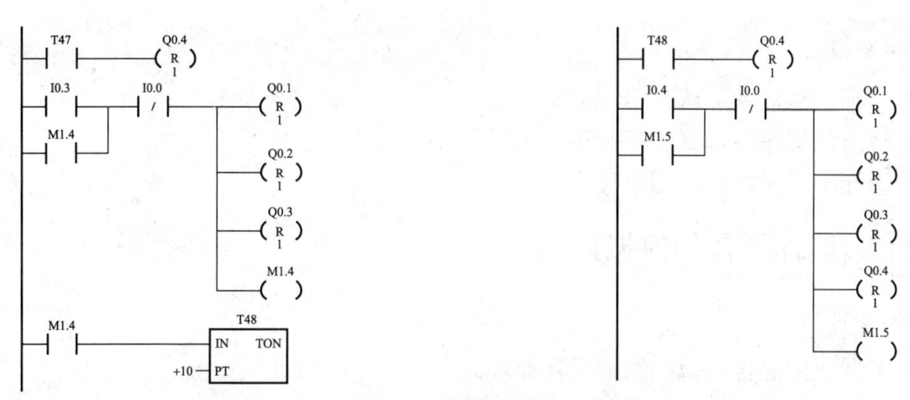

图 2-23　四节传送带故障设置梯形图（二）

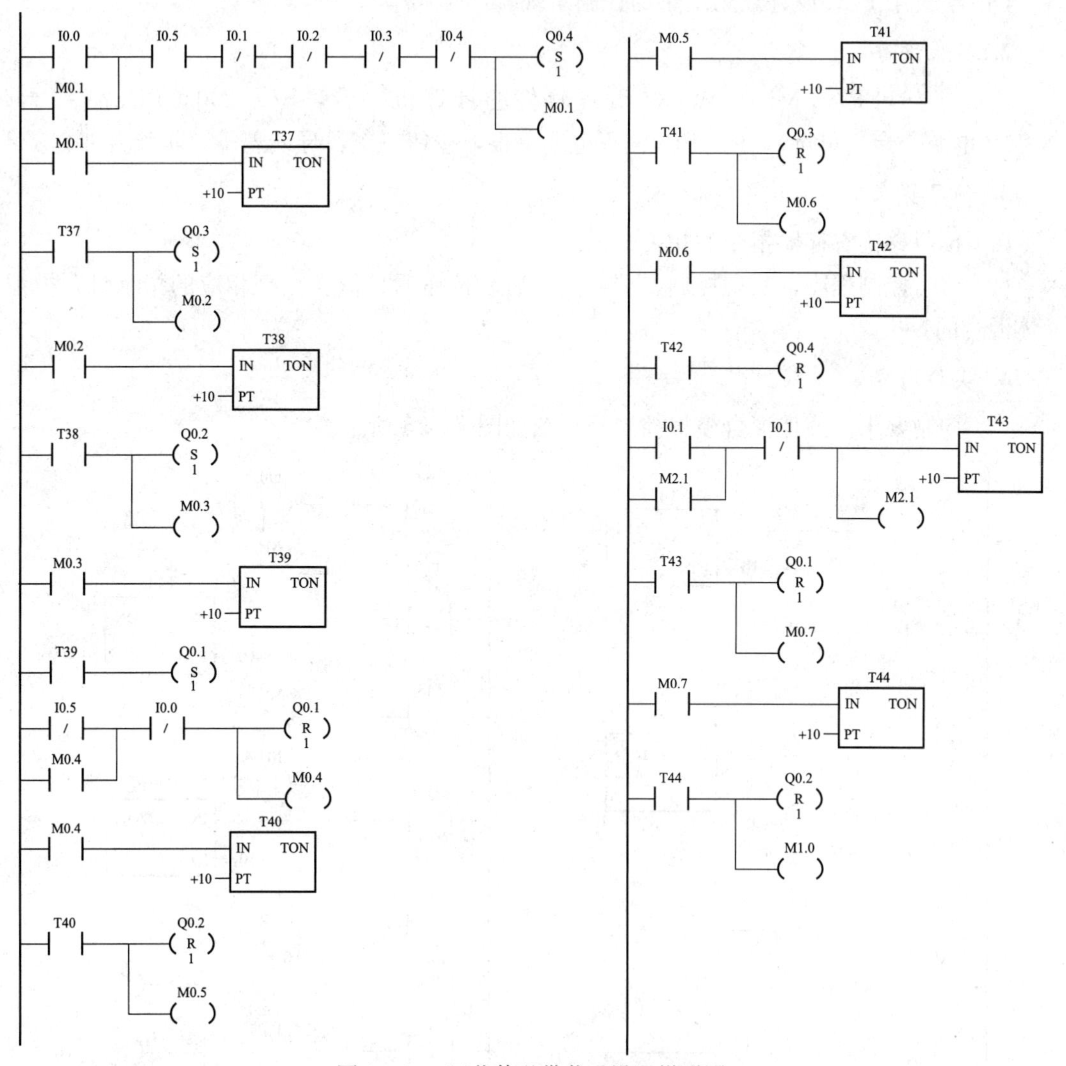

图 2-24　四节传送带载重设置梯形图

认真检查接线，准确无误后按下启动按钮，反复操作，记录观察到的结果并加以分析。

5. 实验报告

（1）整理实验记录，认真编写实验报告。

（2）写出该程序的调试步骤和观察结果。

（3）设计出不同方法的相应程序。

实验 11 液体混合的模拟控制

1. 实验目的

（1）掌握液体混合模拟控制的工作原理。

（2）掌握液体混合模拟控制系统 PLC 的 I/O 接线及编程方法。

（3）学会用 PLC 设计较为复杂的控制系统。

2. 实验设备

安装了 STEP7 - Micro/Win32 编程软件的计算机一台，S7 - 200 CPU224 一台，DC24V 电源一台（可选），PC/PPI 编程电缆一根，按钮三个，导线若干，实验台一套。

3. 预习要求

（1）预习移位寄存器指令的相关知识。

（2）编写控制程序，实现控制要求：按下启动按钮后，依次点亮相应的指示灯，模拟液体混合的效果。

4. 实验内容

（1）控制要求。液体混合模拟控制示意图如图 2 - 25 所示。

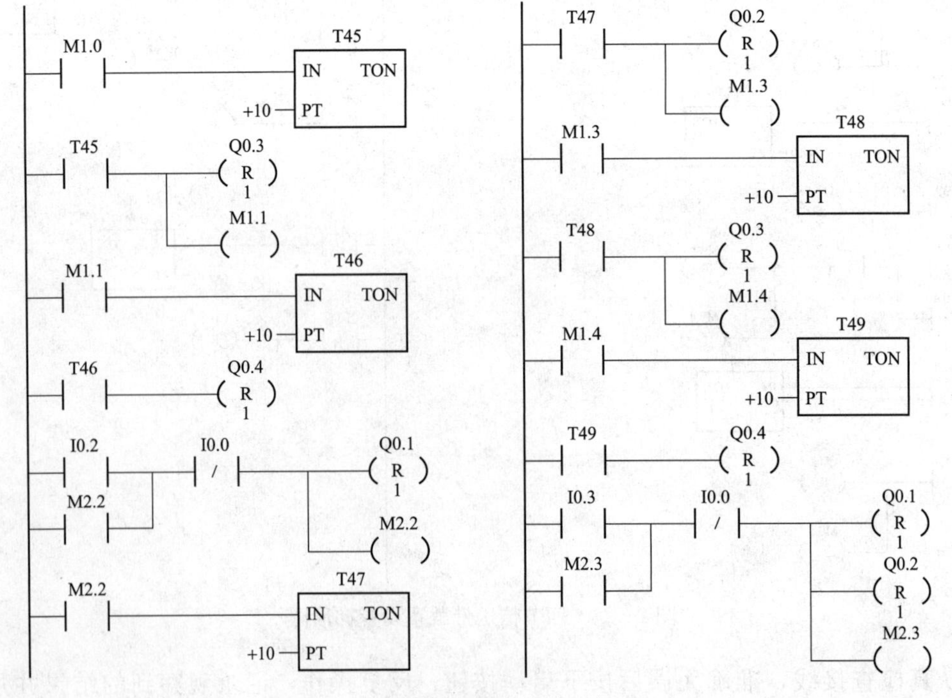

图 2 - 25 液体混合模拟控制示意图（一）

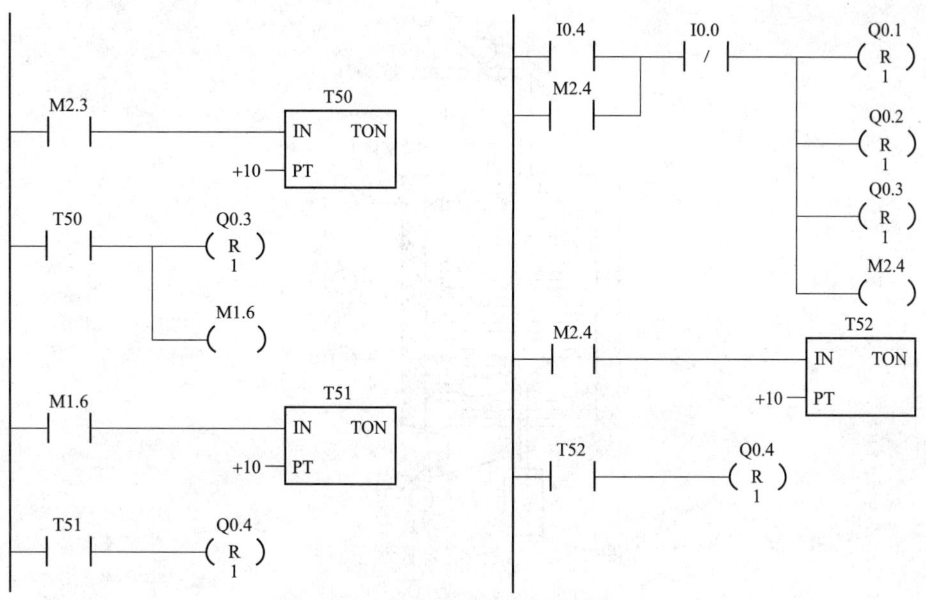

图 2-25 液体混合模拟控制示意图（二）

按下启动按钮，电磁阀 Y1 闭合，开始注入液体 A；按 L2 表示液体到了 L2 的高度，停止注入液体 A。同时电磁阀 Y2 闭合，注入液体 B；按 L1 表示液体到了 L1 的高度，停止注入液体 B，开启搅拌机 M，搅拌 4s 后，停止搅拌，同时 Y3 为 ON，开始放出液体至液体高度为 L3，再经 2s 停止放出液体，同时液体 A 注入。开始循环；按停止按钮，所有操作都停止，须重新启动。

（2）I/O 分配。I/O 分配见表 2-11。

表 2-11　　I/O 分配表

输入信号	启动按钮	I0.0
	停止按钮	I0.4
	L1 按钮	I0.1
	L2 按钮	I0.2
	L3 按钮	I0.3
输出信号	Y1	Q0.1
	Y2	Q0.2
	Y3	Q0.3
	M	Q0.4

（3）参考程序如图 2-26 所示。

认真检查接线，准确无误后按下启动按钮，反复操作，记录观察到的结果并加以分析。

5. 实验报告

（1）整理实验记录，认真编写实验报告。

（2）写出该程序的调试步骤和观察结果。

（3）设计出不同方法的相应程序。

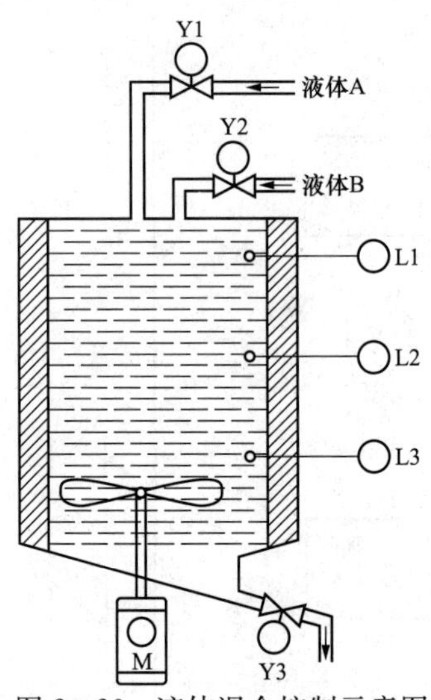

图 2-26　液体混合控制示意图

实验12　机械手的模拟控制

1. 实验目的

(1) 掌握机械手模拟控制的工作原理。

(2) 掌握机械手模拟控制系统 PLC 的 I/O 接线及编程方法。

(3) 学会用 PLC 设计较为复杂的控制系统。

2. 实验设备

安装了 STEP7 - Micro/Win32 编程软件的计算机一台，S7 - 200 CPU224 一台，DC24V 电源一台（可选），PC/PPI 编程电缆一根，按钮三个，导线若干，实验台一套。

3. 预习要求

(1) 预习移位寄存器指令的相关知识。

(2) 编写控制程序，实现控制要求：按下启动按钮后，依次点亮相应的指示灯，模拟机械手的效果。

4. 实验内容

(1) 控制要求。机械手模拟控制示意图如图 2-27 所示。

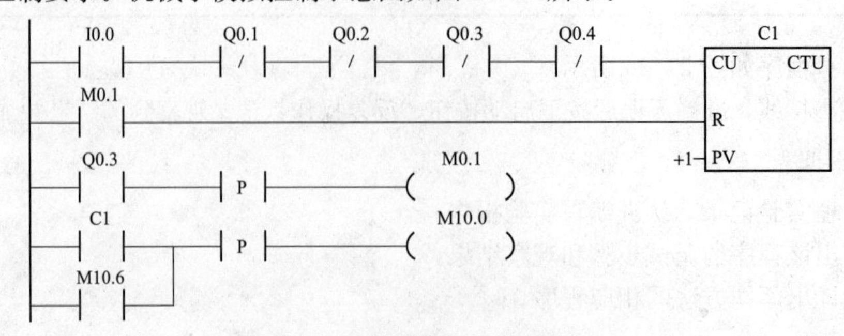

图 2-27　液体混合控制梯形图（一）

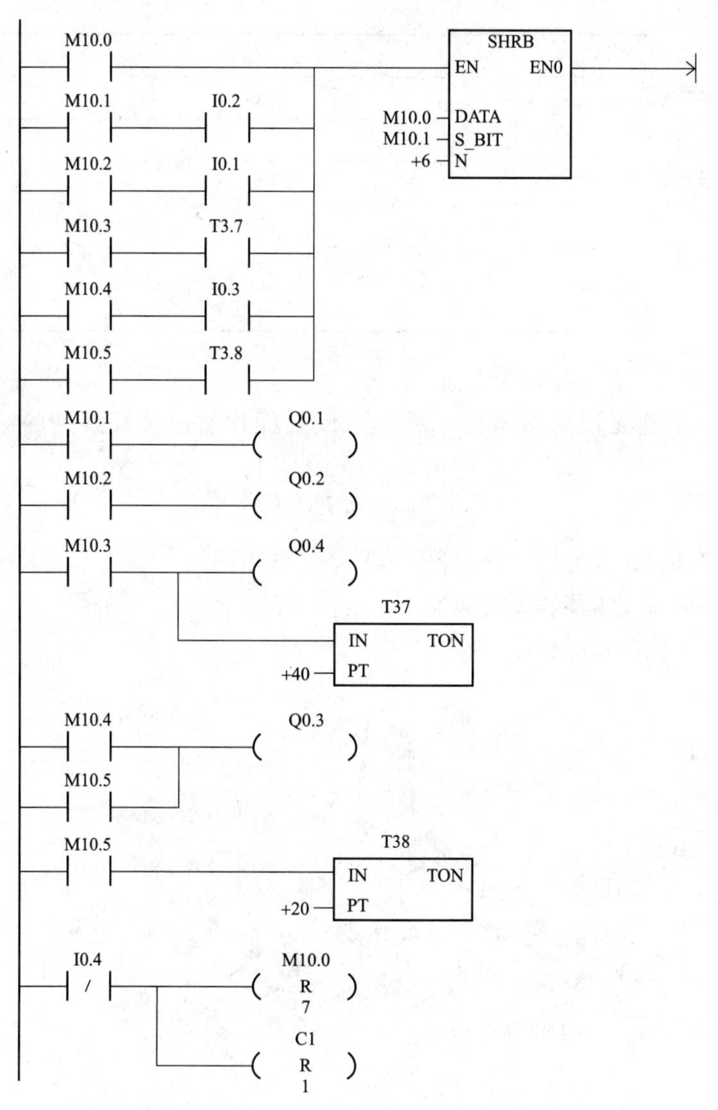

图 2－27　液体混合控制梯形图（二）

(2) I/O 分配。I/O 分配见表 2－12。

表 2－12　I/O 分配表

输入信号	启动按钮	I0.0
	停止按钮	I0.5
	上升限位 SQ1	I0.1
	下降限位 SQ2	I0.2
	左转限位 SQ3	I0.3
	右转限位 SQ4	I0.4
	光电开关 PS	I0.6

续表

输出信号	上升 YV1	Q0.1
	下降 YV2	Q0.2
	左转 YV3	Q0.3
	右转 YV4	Q0.4
	夹紧 YV5	Q0.5
	传送带 A	Q0.6
	M 传送带 B	Q0.7

(3) 参考程序如图 2-28 和图 2-29 所示。

认真检查接线，准确无误后按下启动按钮，反复操作，记录观察到的结果并加以分析。

5. 实验报告

(1) 整理实验记录，认真编写实验报告。

(2) 写出该程序的调试步骤和观察结果。

(3) 设计出不同方法的相应程序。

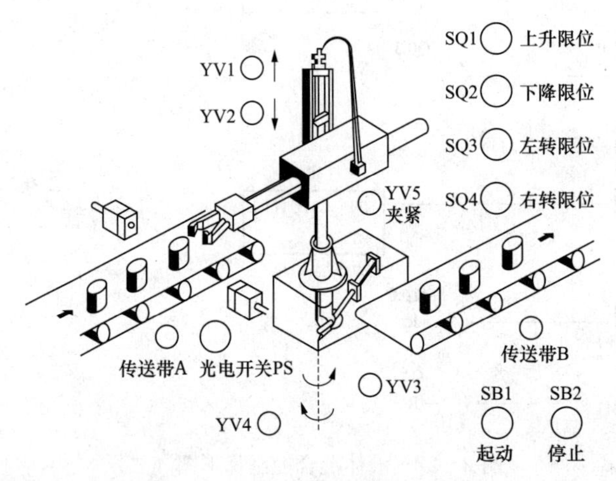

图 2-28　机械手控制示意图

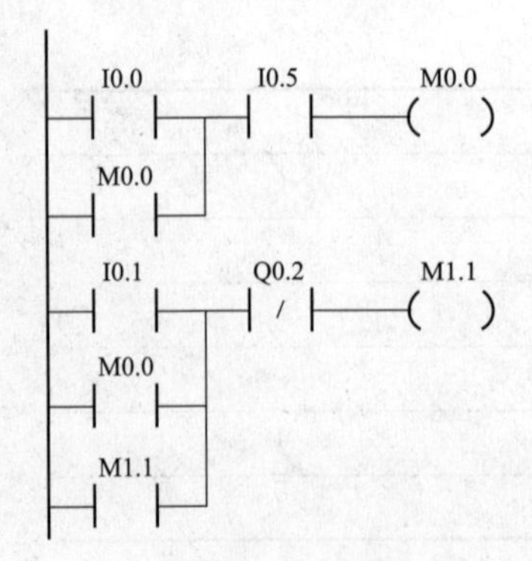

图 2-29　机械手控制梯形图一（一）

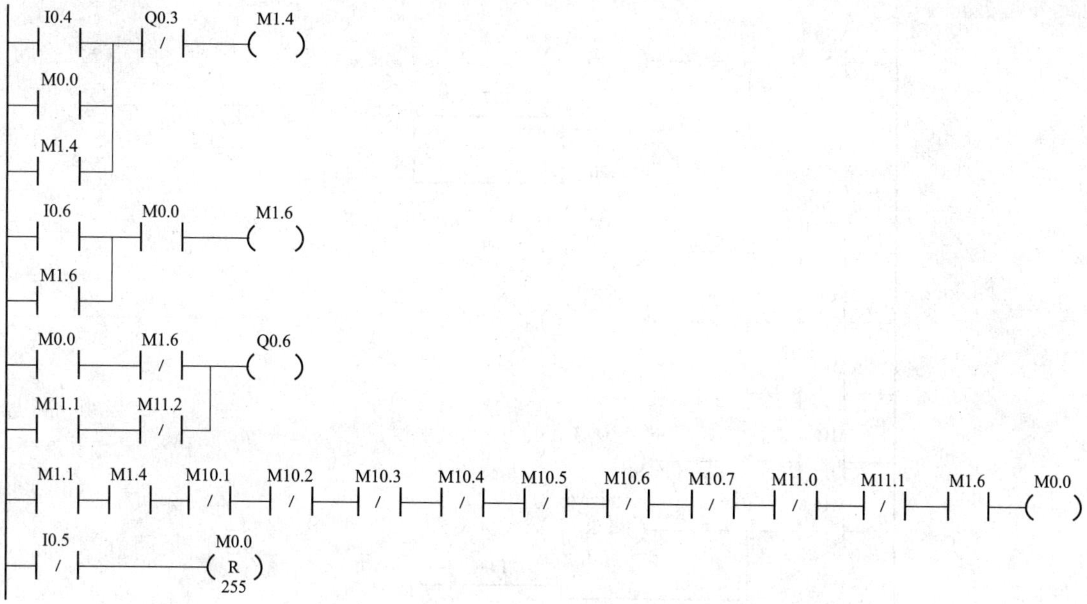

图 2-29 机械手控制梯形图一（二）

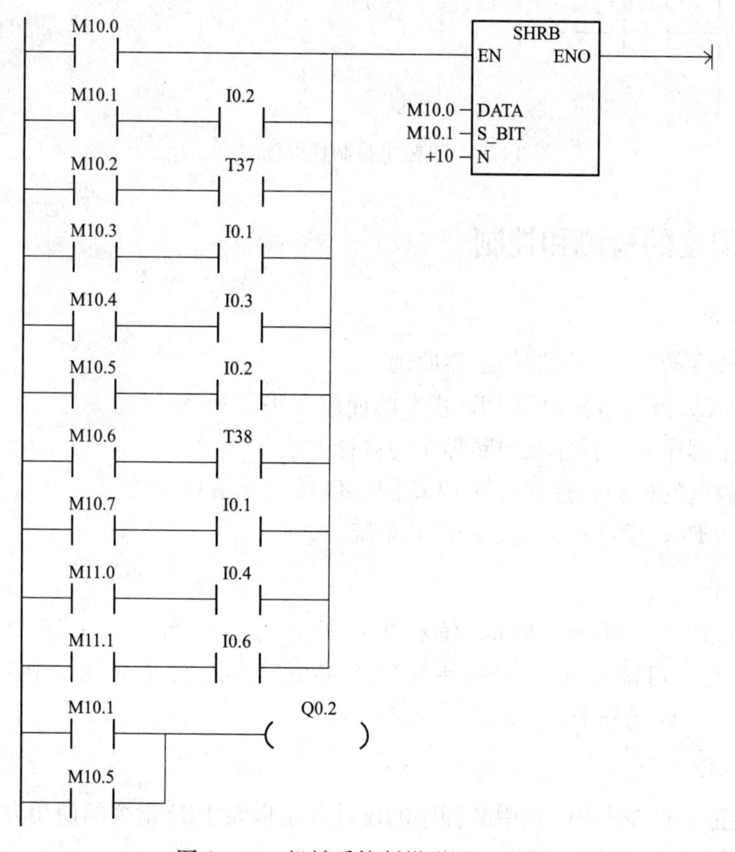

图 2-30 机械手控制梯形图二（一）

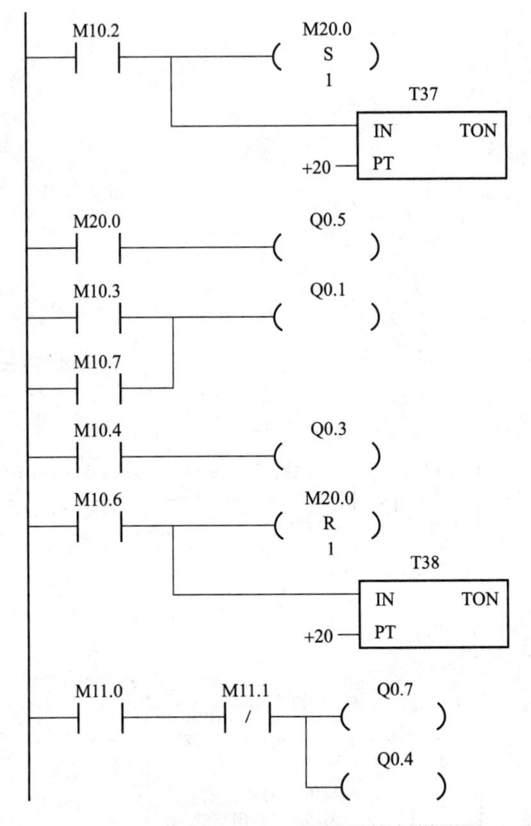

图 2-30　机械手控制梯形图二（二）

实验 13　温度的检测和控制

1. 实验目的

(1) 掌握温度的检测和控制的工作原理。

(2) 掌握 PLC 模拟量模块及 PID 指令的使用方法。

(3) 学会主程序、子程序及中断程序的设计方法。

(4) 掌握温度的检测和控制系统 PLC 的 I/O 接线及编程方法。

(5) 学会用 PLC 设计较为复杂的控制系统。

2. 实验设备

安装了 STEP7 - Micro/Win32 编程软件的计算机一台，S7 - 200 CPU224 一台，DC24V 电源一台（可选），模拟量模块为 EM235 或 EM231＋EM232，PC/PPI 编程电缆一根，按钮三个，导线若干，实验台一套。

3. 预习要求

(1) 预习主程序、子程序及中断程序的设计方法以及 PID 指令的使用方法。

(2) 学习 PLC 温度控制原理。

(3) 编写控制程序，实现控制要求：PLC 运行以后，根据温度设定值控制加热器到设

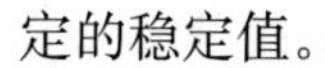

定的稳定值。

4. 实验内容

(1) 控制要求。

1) 温度控制原理：通过电压加热电热丝产生温度，温度再通过温度变送器变送为电压。加热电热丝时根据加热时间的长短可以产生不一样的热能，这就需用到脉冲。输入电压不同就能产生不一样的脉宽，输入电压越大，脉宽越宽，通电时间越长，热能越大，温度越高，输出电压就越高。

2) PID闭环控制：通过PLC+A/D+D/A实现PID闭环控制，接线图及原理图如图2-31和图2-32所示。比例、积分、微分系数取得合适系统就容易稳定，这些都可以通过PLC软件编程来实现。PID控制指令用到的回路表见表2-13。

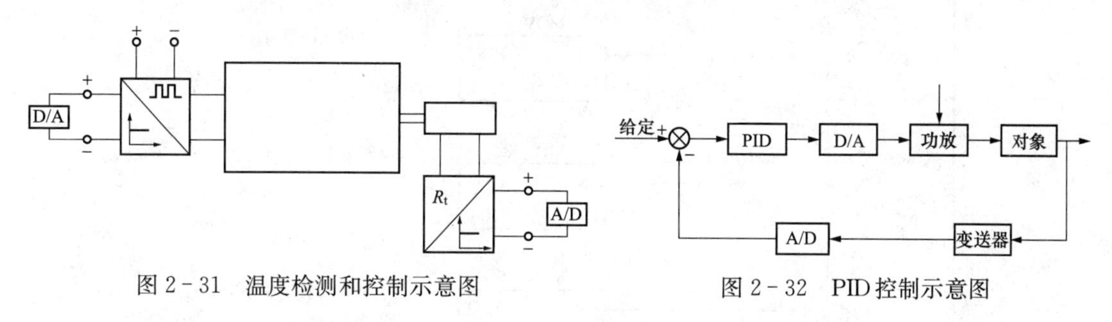

图2-31 温度检测和控制示意图

图2-32 PID控制示意图

表2-13 36个字节的回路表

偏移地址	域	格式	类型	描述
0	过程变量（PVn）	双字—实数	输入	过程变量，必须在0.0～1.0
4	设定值（SPn）	双字—实数	输入	给定值，必须在0.0～1.0
8	输出值（Mn）	双字—实数	输入/输出	输出值，必须在0.0～1.0
12	增益（KC）	双字—实数	输入	增益是比例常数，可正可负
16	采样时间（Ts）	双字—实数	输入	单位为s，必须是正数
20	积分时间（TI）	双字—实数	输入	单位为min，必须是正数
24	微分时间（TD）	双字—实数	输入	单位为min，必须是正数
28	积分项前项（MX）	双字—实数	输入/输出	积分项前项，必须在0.0～1.0
32	过程变量前值（PVn-1）	双字—实数	输入/输出	最后一次PID运算的过程变量值

(2) 参考程序。下面的梯形图模拟量模块以EM235或EM231+EM232为例设计出参考程序，如图2-33和图2-34所示。

认真检查接线，准确无误后按下启动PLC按钮，反复操作，记录观察到的结果并加以分析。

5. 实验报告

(1) 整理实验记录，认真编写实验报告。

(2) 写出该程序的调试步骤和观察结果。

(3) 设计出不同方法的相应程序。

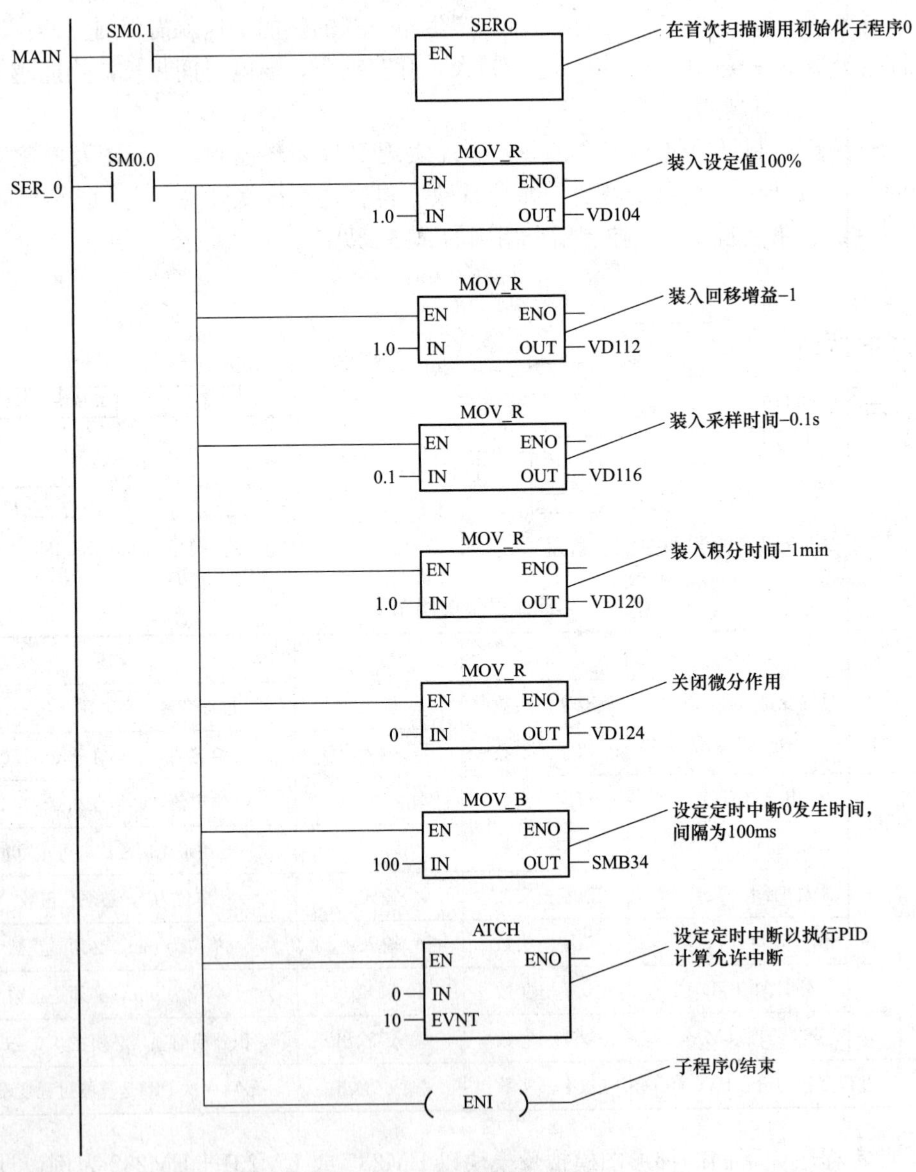

图 2-33　PID 控制梯形图一

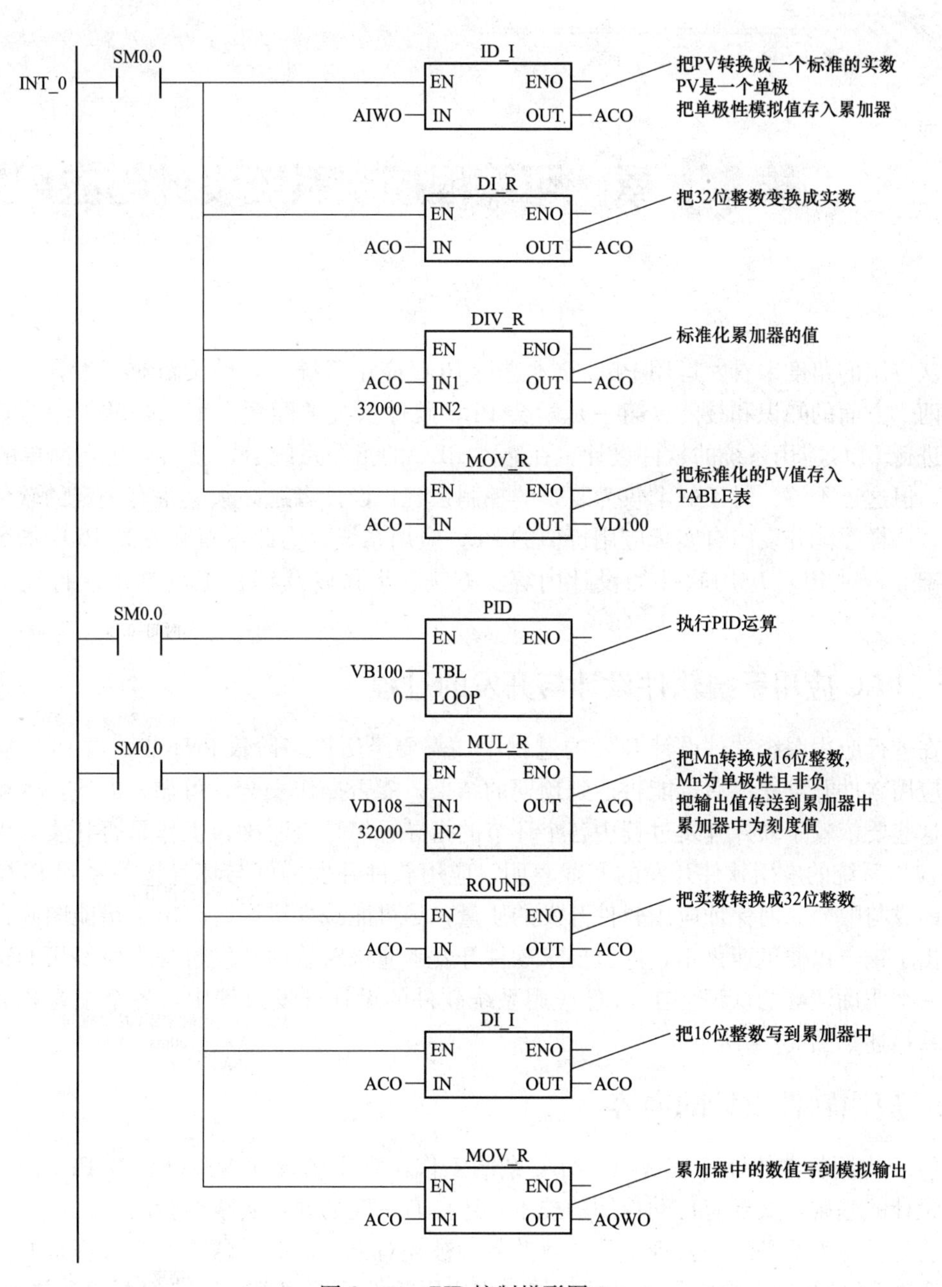

图 2-34　PID控制梯形图二

第3章 可编程控制系统设计与应用实例

从应用的角度来看，运用PLC技术进行PLC应用系统的软件设计与开发，不外乎是需要两个方面的知识和技能：第一是学会PLC硬件系统的配置；第二是掌握编写程序技术，进行PLC应用系统的软件设计。在熟悉PLC的指令系统后，就可以进行简单的PLC编程，但这还不够。对于一个较为复杂的控制系统，设计者还必须具备有一定的软件设计知识，这样才能开发出有实际应用价值的PLC应用系统。为此本章在熟悉PLC指令系统的基础上，对PLC应用软件的设计内容、方法、步骤以及编程工具软件进行较全面的介绍。

3.1 PLC应用系统软件设计与开发的过程

在进行应用系统软件设计开发的过程中，需要经历许多阶段和环节，当PLC应用系统的应用软件开发完成后，能否达到预期的结果，能否操作安全、可靠、方便，令用户满意，这些要依赖于软件开发过程中各个环节的指导思想是否明确，工作是否扎实。大量的PLC应用系统的应用软件开发的实践表明：应用软件开发的好与坏直接关系到PLC控制系统的成与败。如何保证应用软件开发的质量，尽可能减少错误，若出了错能明确在什么环节出了错，以便迅速修正，这就要求软件开发者应该对软件开发过程中所经历的这些环节有一个明确清醒的认识。在PLC应用系统软件的设计开发过程中，各个主要环节之间的关系描述如图3-1所示。

3.2 应用软件设计的内容

PLC应用软件的设计是一项十分复杂的工作，它要求设计人员既要有PLC、计算机程序设计的基础，又要有自动控制的技术，还要有一定的现场实践经验。

首先设计人员必须深入现场，了解并熟悉被控对象（机电设备或生产过程）的控制要求，明确PLC控制系统必须具备的功能，为应用软件的编制提出明确的要求和技术指标，并作出软件需求说明书。在此基础上进行总体设计，将整个软件根据功能的要求分成若干个相对独立的部分，分析它们之间在逻辑上、时间上的相互关系，使设计出的软件在总体上结构清晰、简洁、流程合理，保证后续的各个开发阶段及其软件设计规格说明书的完全性和一致性。然后在软件规格说明书的基础上，选择适当的编程语言，进行程序设计。所以一个实用的PLC软件工程的设计通常要涉及以下几个方面的内容。

(1) PLC软件功能的分析与设计。

(2) I/O信号及数据结构分析与设计。

(3) 程序结构分析与设计。

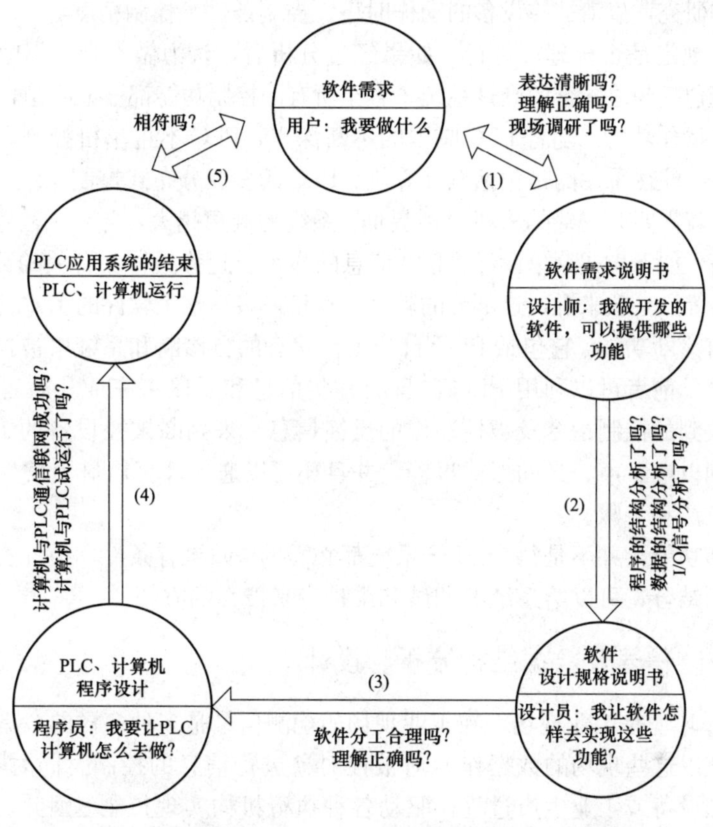

图 3－1　PLC 应用系统软件设计与开发主要环节间的关系

（4）软件设计规格说明书编制。

（5）用编程语言、PLC 指令进行程序设计。

（6）软件测试。

（7）程序使用说明书编制。

3.2.1　功能的分析与设计

PLC 软件功能的分析与设计实际上是 PLC 控制系统的功能分析与设计中的一个重要组成部分。控制系统的整体功能要求可以通过硬件的途径、软件的途径或者软硬结合的途径来实现。因此，在未着手正式编写程序之前，必须要进行的第一件事就是站在控制系统整体的角度上，进行系统功能要求的分配，弄清楚哪些功能是要通过软件的执行来实现的，即明确应用软件所必须具备的功能。对于一个实用的软件，大体上可以从三个方面来考虑：①控制功能；②操作功能（人—机界面）；③自诊断功能。

作为 PLC 控制系统，其最基本的要求就是如何通过 PLC 对被控对象实现人们所希望的控制，所以以上三个方面控制功能是最基本的、必不可少的。对于一些简单的 PLC 控制系统来说，或许仅此功能就可以了，但对于多数的 PLC 控制系统来说却是远远不够的。在进行功能的分析、分配之后，接下来要做的就是进行具体功能的设计，对于不同的 PLC 控制系统，有着不同的具体要求，其主要的依据是根据被控对象和生产工艺要求而定。设计时一定要进行详尽的调查和研究，搞清被控设备的动作时序、控制条件、控制精度等，作出明确具体的规定，分析这些规定是否合理、可行。如果经过分析后，认为做不到，那就要对其进行修订，其中也可能包括与之配合的硬件系统，直至所有的控制功能都被证明是合理可行为止。

第二部分是操作功能。随着PLC应用的不断深入，PLC不再单机控制，为了要实现自动化车间或工厂，往往采用的是包括有计算机、PLC的多级分布式控制系统。这时为便于操作人员的操作，就需要有友善的人机对话界面。系统的规模越大，自动化程度越高，对这部分的要求也越高，如下拉式菜单设计、I/O信息的显示、趋势报警、有关的数据、表格的更新、存储和输出等。一般来说，这部分的软件工作量可多达整个软件的1/4～1/3。

第三部分自诊断功能。它包括PLC自身工作状态的自诊断和系统中被控设备工作状态的自诊断两部分。前者可以利用PLC自身的一些信息和手段来完成。后者则可以通过分析被控设备接收到的控制指令及被控动作的反馈信息，来判断被控设备的工作状态。如果有故障发生，则以电、声、光的形式报警，并且还可以通过计算机显示发生故障的原因以及处理故障的方法和步骤。

当然自诊断功能，并不是每个PLC系统都必需的。如果有条件，设计良好的自诊断功能与操作功能相结合，可以给系统的调试和维护带来极大的方便。

3.2.2 I/O信号及数据结构分析与设计

PLC的工作环境是工业现场，在工业现场的检测信号是多种多样的，有模拟量，也有开关量，PLC就以这些现场的数据作为对被控对象进行信息的控制。同时PLC又将处理的结果送给被控设备或工业生产过程，驱动各种执行机构实现控制。因此，I/O信息分析任务，就是对后面程序编程所需要的I/O信号进行详细的分析和定义，并以I/O信号表的形式提供给编程人员。

I/O信号分析的主要内容有以下几点。

(1) 定义每一个输入信号并确定它的地址。可以以输入模板接线图的方式给出，图中应包含有对每一输入点的简洁说明。同样可以以I/O信号表的形式给出（具体可参看第7章）。

(2) 定义每一个输出信号并确定它的地址。可以以输出模板接线图的方式给出，图中同样也应包含有对每一输出点的简洁说明。同样可以以I/O信号表的形式给出 。

(3) 审核上述的分析设计是否能满足系统规定的功能要求。若不满足，则需修改，直至满足为止。

数据结构设计：数据结构设计的任务，就是对程序中的数据结构进行具体的规划和设计，合理地对内存进行估算，提高内存的利用率。

PLC应用程序所需的存储空间，与内存利用率、I/O点数、程序编写的水平有关。通常我们把系统中I/O点数和存放用户机器语言程序所占内存数之比称为内存利用率。高的内存利用率，可以使同样的程序减少内存投资，还可以缩短扫描周期，从而提高系统的响应速度。同样用户编写程序的优劣对程序的长短和运行时间都有很大的影响，而数据结构的设计直接关系到后面的编程质量。

数据结构设计的主要内容有以下几点。

(1) 按照软件设计的要求，将PLC的数据空间作进一步的划分，分为若干个子空间，并对每一子空间进行具体的定义。当然这要以功能算法、硬件设备要求、预计的程序结构和占有量为依据综合考虑来决定。

(2) 应为每一子空间留出适当的裕量，以备不可预见的使用要求。

(3) 规定存放子空间的数据存放方式、编码方式和更改时的保护方法。

(4) 在采用模块化程序设计时，最好对每一个（若作不到，则对某些个）程序块规定独立的中间结果存放区域，以防混用给程序的调试及可靠的运行带来不必要的麻烦，当然对于公用的数据，也应考虑它的存放空间。

(5) 为了明晰起见，数据结构的设计可以以数据结构表的形式给出，其中明确规定各子空间的名称、起始地址、编码方式、存放格式等。

I/O 信号及数据结构的分析与设计为 PLC 程序编程提供了重要的依据。

3.2.3 程序结构分析和设计

模块化的程序设计方法，是 PLC 程序设计和编制的最有效、最基本的方法。程序结构分析和设计的基本任务就是以模块化程序结构为前提，以系统功能要求为依据，按照相对独立的原则，将全部应用程序划分为若干个“软件模块”，并对每一“模块”，提供软件要求、规格说明。

一般应以某一或某组功能要求为前提，确定这些“独立”，的软件模块。模块的划分不宜过大，过大的模块会失去模块化程序设计的优点，只具有软件分工的含义。当某一功能要求的程序模块必须很大时，应人为地将某分解为若干个子模块。子模块的规模，没有具体的规定，若在计算机上开发的话，大约在 3～5 个梯形图的页面为宜。

软件设计常采用“自顶而下”的设计方法（Top To Down），只给出软件模块的定义和说明。子模块的划分大多是在程序设计的阶段由编程人员自行完成的。

3.2.4 软件设计规格说明书编制

1. 技术要求

(1) 整体应用软件功能要求。

(2) 软件模块功能要求。

(3) 被控设备（生产过程）及其动作时序、精度、计时（计数）和响应速度要求。

(4) 输入装置、输入条件、执行装置、输出条件和接口条件。

2. 程序编制依据

(1) 输入模块和输出模块接口或 I/O 信号表（公共）。

(2) 数据结构表（其中包括通信数据传送格式命令和响应等）（公共）。

3. 软件测试

(1) 模块单元测试原则。

(2) 特殊功能测试的设计。

(3) 整体测试原则。

3.2.5 用编程语言、PLC 指令进行程序设计

(1) 框图设计。

(2) 程序编制。

(3) 程序测试。

(4) 编写程序说明书。

3.2.6 软件测试

在长期的软件开发实践中，人们积累了许多成功的经验，同时也总结出许多失败的教训。在此过程中，软件测试的重要性正逐渐被人们所认识，现在软件测试成本在整个软件开发成本中已占有很高的比重。

软件不同于硬件，它是看不见、摸不着的逻辑实体，与人的思维有着密切的关系。即使是一个非常有经验的程序设计员，也很难保证他的思维绝对周密，在程序中不出错。大量的实践表明：在软件开发过程中要完全避免出错是不可能的，也是不现实的，问题在于如何及时地开发和排除明显的或隐匿的错误。这就需要做好软件的测试工作。软件测试的内容有很多，各种不同的软件也有不同的测试方法和手段，但它们测试的内容大体相同。

(1) 检查程序。按照需求规格说明书检查程序。

(2) 寻找程序中的错误。寻找程序中隐藏的有可能导致失控的错误。

(3) 测试软件。测试软件是否满足用户需求。

(4) 程序运行限制条件与软件功能。程序运行的限制是什么，弄清该软件不能做什么。

(5) 验证软件文件。验证软件有关文件。

为了保证软件的质量能满足以上的要求，通常可以按单元测试、集成测试、确认测试和现场系统测试这四个步骤来完成。软件测试的步骤如图 3-2 所示。

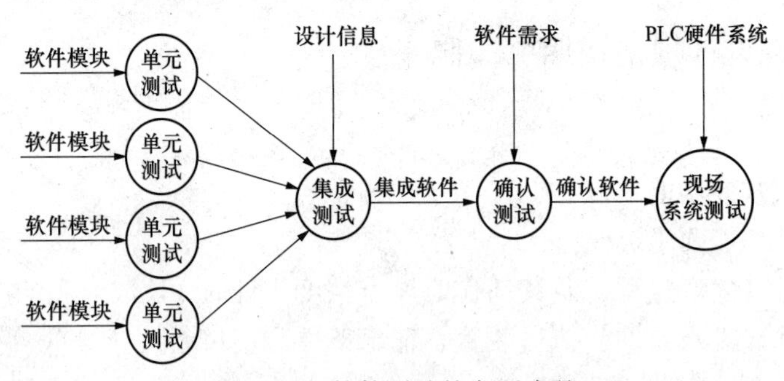

图 3-2 软件测试的主要步骤

3.2.7 程序使用说明书的编制

当一项软件工程完成后，为了便于用户和现场调试人员的使用，应对所编制的程序进行说明。通常程序使用说明书应包括程序设计的依据、结构、功能、流程图，各项功能单元的分析，PLC 的 I/O 信号，软件程序操作使用的步骤、注意事项，对程序中需要测试的必要环节或部分进行注释。实际上说明书就是一份软件综合说明的存档文件。

3.3 PLC 程序设计的常用方法

在工程中，对 PLC 应用程序的设计有多种方法，这些方法的使用，也因各个设计人

员的技术水平和喜好有较大差异。现将常用的几种应用程序设计方法进行简要介绍。

3.3.1　经验设计法

在一些典型的控制环节和电路的基础上，根据被控对象对控制系统的具体要求，凭经验进行选择、组合。有时为了得到一个满意的设计结果，需要进行多次反复地调试和修改，增加一些辅助触点和中间编程元件。这种设计方法没有一个普遍的规律可以遵循，具有一定的试探性和随意性，最后得到的结果也不是唯一的，设计所用的时间、设计的质量与设计者的经验的多少有关。

经验设计法对于一些比较简单的控制系统的设计是比较奏效的，可以收到快速、简单的效果。但是，由于这种方法主要是依靠设计人员的经验进行设计，所以对设计人员的要求也比较高，特别是要求设计者有一定的实践经验，对工业控制系统和工业上常用的各种典型环节比较熟悉。对于较复杂的系统，使用经验设计法一般设计周期长，不易掌握，系统交付使用后，维护困难，所以，经验法一般只适合于较简单的或与某些典型系统相类似的控制系统的设计。

3.3.2　逻辑设计法

在工业电气控制线路中，有不少线路都是通过继电器等电器元件来实现。而继电器，交流接触器的触点都只有两种状态，即吸合和断开，因此，用“0”和“1”两种取值的逻辑代数设计电器控制线路是完全可以的。PLC 的早期应用就是替代继电器控制系统，因此逻辑设计法同样也适用于 PLC 应用程序的设计。逻辑函数和运算式与梯形图、指令语句的对应关系见表 3－1。

表 3－1　　函数和运算与梯形图、指令语句对照表

函数和运算式	梯形图	指令语句程序	
逻辑“与” $f_{M1}(x1,\ x2)=x1*x2$	x1 x2 M1	LD AND OUT	x1 x2 M1
逻辑“或” $f_{M1}(x1,\ x2)=x1+x2$	x1 M1 x2	LD OR OUT	x1 x2 M1
逻辑“非” $f_{M1}(x1)=\overline{x1}$	x1 M1	LD NOT OUT	x1 M1
“与”运算式 $f_{y1}=\prod_{i=0}^{x\leqslant 8} xi=x1*x2*\cdots*xn$	x1 x2 xn M1	LD AND ⋮ AND OUT	x1 x2 ⋮ xn y1
“或/与”运算式 $f_{y1}=(M1+M2)*M3*\overline{M4}$	M1 M3M4 y1 M2	LD OR AND AND NOT OUT	M1 M2 M3 M4 y1

续表

函数和运算式	梯形图	指令语句程序	
“与/或”运算式 $f_{y1}=x1*M0+x2*M1$	x1 M0 y1 x2 M1	LD AND LD AND ORLD OUT	x1 M0 x2 M1 M2

由表 3 - 1 可知，当一个逻辑函数用逻辑变量的基本运算式表达出来后，实现这个逻辑函数的线路也就确定了。当这种方法使用熟练后，甚至连梯形图程序也可以省略，可以直接写出与逻辑函数和表达式对应的指令语句程序。

用逻辑设计法设计 PLC 应用程序的一般步骤如下。

(1) 编程前的准备工作同前第二节中所述。

(2) 列出执行元件动作节拍表。

(3) 绘制电气控制系统的状态转移图。

(4) 进行系统的逻辑设计。

(5) 编写程序。

(6) 对程序进行检测、修改和完善。

3.3.3 状态分析法

状态分析法程序编写的过程是先将要编程的控制功能分成若干个程序单位，再从各程序单位中所要求的控制信号的状态关系分析出发，将输出信号置位/复位的条件分类，然后结合其他控制条件确定输出信号的控制逻辑。

在进行状态分析之前，首先要绘制出状态关系图。状态关系图就是用高低电平信号线表示的控制信号之间的状态关系曲线图。状态关系图中每一对相互联系的状态称为一组状态关系，各组状态关系之间应该是互相独立的。

状态关系图只表示各控制信号之间的状态关系，而不表示信号实际存在时间的长短，而每组状态关系没有先后顺序之分，只表示在当前状态下一种必然的相互联系。状态关系图必须包含各信号之间所有可能的状态关系情况。

在控制过程中，任何一个控制信号（包括中间信号）的产生都可以归纳为一个“置位/复位”的逻辑关系。各种控制条件都可以按其充分性和必要性确定于这个逻辑之中，我们称这个具有普遍意义的“置位/复位”逻辑为基本控制逻辑，其结构如图 3 - 3 所示。

在程序中，任何一个能用单个基本控制逻辑为主体来完成的功能单元，都称为一个程序单位。一段具有较完整功能的程序段可能由若干个程序单位组成，各程序单位之间由其“输入/输出”信号相互联系在一起。这里所谓的“输入/输出”信号都是相对于基本控制逻辑本身而言的。在程序设计时，可以先设计出各程序单位的程序，再将它们连接在一起，就构成了一个完整的控制程序。

用状态分析法编写程序一般可以按以下步骤进行。

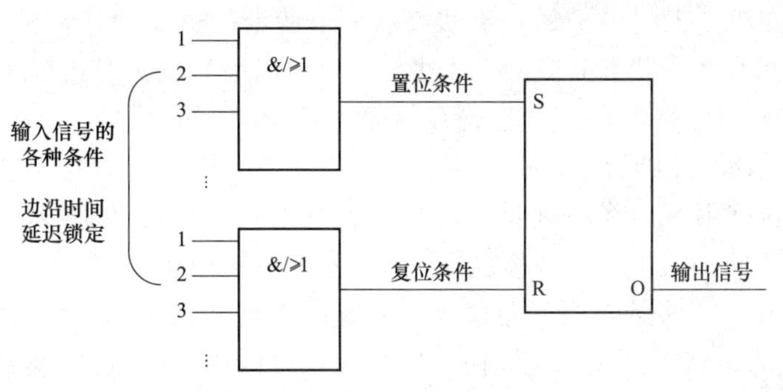

图 3-3 基本控制逻辑的一般结构

(1) 将要编程的控制功能分成若干个较为独立的程序单位，确定每个程序单位的相对输入/输出信号，一个程序单位的输出信号可以而且经常成为另一个程序单位的输入信号 Q。有时，一个实际控制信号的输出过程可能由许多个程序单位组成，各程序单位之间就是通过这些输入/输出信号相联系的。

(2) 根据每个程序单位所要求的输出控制信号对各种控制条件的要求，绘制出信号状态关系图，这种图对时间比例没有严格要求，只要能清楚、完整地表示各信号之间的状态顺序关系即可。在绘制信号状态关系图时，要尽可能考虑到所有条件之间的置位/复位关系，每组状态关系只绘出一遍即可，可以不考虑每组状态关系的先后顺序。

(3) 根据信号状态关系图中输出信号置位和复位的各种关系，将输入条件综合起来，分清其间的充分/必要关系，是"边沿"信号有效还是"电平"信号有效，是否有记忆功能，是否有延时要求等，确定出输出信号的置位/复位控制条件。

(4) 将前面确定的输出信号的置位条件和复位条件按其间的"与""或"关系，填在基本控制逻辑中，再辅以其他控制逻辑，就完成了这个程序单位的程序编制。同样，也可以完成每个程序单位的控制程序。

(5) 将这些程序单位连接在一起，就组成一个完整的信号输出控制程序。

3.3.4 利用状态转移图设计法

新一代的 PLC 除了采用梯形图编程外，还可以采用适用于顺序控制的标准化语言——(Sequential Function Chart) 编制，这就使得顺序控制程序的设计大大简化了，程序变得更加简洁、规范、可靠。

状态转移图又称状态流程图。它是描述控制系统的控制过程、功能和特性的一种图形，是分析和设计 PLC 顺序控制的得力工具。

所谓"状态"，是指特定的功能，因此状态的转移实际上也就是控制系统的功能的转移。机电系统中机械的自动工作循环过程就是电气控制系统的状态自动、有序逐步转移的过程，所以也有人把状态流程图称之为功能流程图。

1. 基本概念

状态转移图由状态、转移、转移条件和动作或命令 4 个内容构成。

(1) 状态。用状态转移图设计顺序控制系统的 PLC 梯形图时，根据系统输出量的变化，将系统的一个工作循环过程分解成若干个顺序相连的阶段，这些阶段就称之为"步"

或状态。例如，在机械工程中，每一步就表示一个特定的机械动作，称之为“工步”。因此，状态的编号可以用该状态对应的工步序号，也可以用与该状态相对应的编程元件（如PLC内部继电器、移位寄存器、状态寄存器等）作为状态的编号。而状态则用矩形框表示。框中的数字是该状态的编号。原始状态（“0”状态）用双线框表示。

(2) 转移。转移用有向线段表示。两个状态框之间必须用转移线段相连接，也就是说，两相邻状态之间必须用一个转移线段隔开，不能直接相连。

(3) 转移条件。转移条件用于转移线段垂直的短划线表示。每个转移线段上必须有一个或一个以上的转移条件短划线。在短划线旁，可以用文字或图形符号或逻辑表达式注明转移条件的具体内容，当相邻两状态之间的转移条件满足时，两状态之间的转移得以实现。

(4) 动作或命令。在状态框的旁边，用文字来说明与状态相对应的工步的内容，也就是动作或命令，用矩形框围起来，以短线与状态框相连。动作与命令旁边往往也标出实现该动作或命令的电器执行元件的名称。

2. 状态转移图的几种结构形式

(1) 分支。某前级状态之后的转移引发了不止一个后级状态或状态流程序列，这样的转移将以分支形式表示。各分支画在水平直线之下。

1) 选择性分支。如果从多个分支状态或分支状态序列中只选择执行某一个分支状态或分支状态序列，则称为选择性分支。这样的分支画在水平单线之下。选择性分支的转移条件短划线画在水平单线之下的分支上。每个分支上必须具有一个或一个以上的转移条件。

在这些分支中，如果某一个分支后的状态或状态序列被选中，则当转移条件满足时会发生状态的转移；而没有被选中的分支，即使转移条件已满足，也不会发生状态的转移。选择性分支，可以允许同时选择一个或一个以上的分支状态或状态序列。

2) 并行性分支。所有的分支状态或分支状态流程序列都被选中执行，则称为并行性分支，如图3-5所示。

并行性分支画在水平双线之下。在水平双线之上的干支上必须有一个或一个以上的转移条件。当干支上的转移条件满足时，允许各分支的转移实现。干支上的转移条件称为公共转移条件。在水平双线之下的分支上，也可以有各自分支自己的转移条件。在这种情况下，表示某分支转移得以实现除了公共转移条件之外，还必须具有的特殊转移条件。

(2) 分支的汇合。分支的结束，称为汇合。

1) 选择性分支汇合于水平单线。在水平单线以上的分支上，必须有一个或一个以上的转移条件，而在水平单线以下的干支上则不再有转移条件，如图3-4所示。

2) 并行性分支汇合于水平双线。转移条件短画线画在水平双线以下的干支上，而在水平双线以上的分支上则不再有转移条件，如图3-5所示。

(3) 跳步。在选择性分支中，会有跳过某些中间状态不执行而执行后边某状态的情况，这种转移称为跳步。跳步是选择性分支的一种特殊情况。

(4) 局部循环。在完整的状态流程中，会有依一定条件在几个连续状态之间的局部重复循环运行。局部循环也是选择性分支的一种特殊情况。

(5) 封闭图形。状态的执行按有向连线规定的路线进行，它是与控制过程的逐步发展相对应的，一般习惯的方向是从上到下，或由左到右展开。为了更明显地表示进展的方向，也可以在转移线段上加箭头指示进展方向。特别是当某转移不是由上到下，或由左到右时，就必须加箭头指示转移进展的方向。

当机械运动或工艺过程为循环式工作方式，一个工作循环中的最后一个状态之后的转移条件满足时，自动转入下一个工作循环的初始状态。因此，由状态、转移、转移条件构成封闭图形。如图 3-4、图 3-5 所示的图形，都是这种封闭图形。

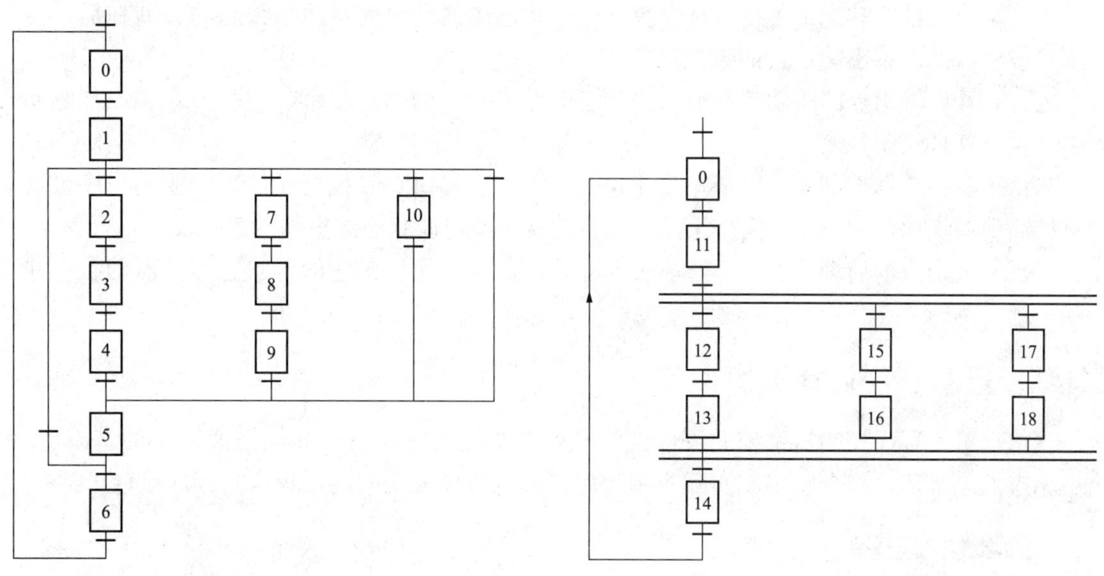

图 3-4　有选择性分支的转移图　　　　图 3-5　有并行性分支的转移图

3. 利用状态转移图进行 PLC 程序设计

流程图完整地表现了控制系统的控制过程、各状态的功能、状态转移的顺序和条件，它是进行 PLC 应用程序设计很方便的工具。利用状态流程图进行程序设计时，大致按以下几个步骤进行。

(1) 画状态流程图。按照机械运动或工艺过程的工作内容、步骤、顺序和控制要求画出状态流程图。

(2) 在状态流程图上以 PLC 输入点或其他元件定义状态转移条件。当某转移条件的实际内容不止一个时，每个具体内容定义一个 PLC 元件编号，并以逻辑组合形式表现为有效转移条件（如 X0・X1＋X2）。

(3) 按照机械或工艺提供的电气执行元件功能表。在状态流程图上对每个状态和动作命令配画上实现该状态或动作命令控制功能的电气执行元件，并以对应的 PLC 输出点编号定义这些电气执行元件。

4. 步进顺序控制系统程序设计

步进顺序控制程序的一般设计方法介绍如下。

(1) 状态转移控制器的设计。在这种方法中，每个状态用一个 PLC 内部继电器表示，此继电器称为该状态的特征继电器，简称为状态继电器。每个状态又与一个转移条件相对应。

为了保证状态的转移严格按照预定的一步步展开，不发生转移，某状态的启动（转入工作）必须以它前一级的状态启动和本状态的转入条件满足两项相“与”作为有效转移条件。在程序编制时，以前一级状态的特征继电器动合触点与本状态的转入条件的逻辑“与”为本状态特征继电器的启动信号。这时，称前级状态继电器的动合触点为本状态启动的约束条件。

当系统处于某状态工作的情况下时，一旦该状态之后的转移条件满足，即启动下一个状态，同时关断本状态。在编程时应使下一个状态的启动在前，而本状态的关断在后，否则将发生状态转移不能进行的错误现象。

（2）PLC 输出点的驱动控制程序设计。与状态对应的动作与命令，由 PLC 输出点驱动电气执行元件来实现。

由于状态转移控制器设计成单步步进式，所以各输出点（执行元件）的驱动程序可以直接而简单地由该输出点（执行元件）的启动状态所对应状态继电器的触点实现。

当某输出点的启动状态与不止一个状态对应时，则用所对应的各状态继电器的触点并联，组成逻辑“或”程序来实现。

3.4 PLC 程序设计步骤

根据可编程序控制器系统的硬件结构和生产工艺要求，在软件规格说明书的基础上，用相应的编程语言指令，编制实际应用程序并形成程序说明书的过程就是程序设计。

3.4.1 程序设计步骤

PLC 程序设计一般分为以下几个步骤。

（1）程序设计前的准备工作。

（2）程序框图设计。

（3）程序测试。

（4）编写程序说明书。

1. 程序设计前的准备工作

程序设计前的准备工作大致可分为三个方面。

（1）了解系统概况，形成整体概念。这步的工作主要是通过系统设计方案和软件规格说明书了解控制系统的全部功能、控制规模、控制方式、输入输出信号种类和数量、是否有特殊功能接口、与其他设备的关系、通信内容与方式等。没有对整个控制系统的全面了解，就不能对各种控制设备之间的关联有真正的理解，闭门造车和想当然地编程序，编出的程序拿到现场去运行，肯定问题百出，不能使用。

（2）熟悉被控对象、编出高质量的程序。这步的工作是通过熟悉生产工艺说明书和软件规格说明书来进行的。可以把控制对象和控制功能分类，按响应要求、信号用途或者按控制区域进行划分，确定检测设备和控制设备的物理位置，深入细致地了解每一个检测信号和控制信号的形式、功能、规模、其间的关系和预见以后可能出现的问题，使程序设计有的放矢。

在熟悉被控对象的同时，还要认真借鉴前人在程序设计中的经验和教训，总结各种问题的解决方法。总之，在程序设计之前，掌握的东西越多，对问题思考得越深入，程序设计就会越得心应手。

(3) 充分利用手头的硬件和软件工具。例如，硬件工具有编程器、GPC（图形编程器)、FIT（工厂智能终端）等。编程软件有 LSS、SSS、CPT、CX－Programmer、西门子 STEP7 等。如果是利用计算机编程，则可以大大提高编程的效率和质量。

2. 程序框图设计

这步的主要工作是根据软件设计规格书的总体要求和控制系统具体情况，确定应用程序的基本结构、按程序设计标准绘制出程序结构框图；然后再根据工艺要求，绘制出各功能单元的详细功能框图。如果有人已经做过这步工作，最好拿来借鉴一下。有些系统的应用软件已经模块化，那就要对相应的程序模块进行定义，规定其功能，确定各块之间连接关系，然后再绘制出各模块内部的详细框图。框图是编程的主要依据，要尽可能的详细。如果框图是别人设计的，则一定要设法弄清楚其设计思想和方法。这步完成之后，就会对全部控制程序功能实现有一个整体概念。

3. 编写程序

编写程序就是根据设计出的框图逐条地编写控制程序，这是整个程序设计工作的核心部分。梯形图语言是最普遍使用的编程语言，编写程序过程中要及时对编出的程序进行注释，以免忘记其间相互关系，要随编随注。注释要包括程序的功能、逻辑关系说明、设计思想、信号的来源和去向，以便阅读和调试。

4. 程序测试

程序测试是整个程序设计工作中一项很重要的内容，它可以初步检查程序的实际效果。程序测试和程序编写是分不开的，程序的许多功能是在测试中修改和完善的。测试时先从各功能单元入手，设定输入信号，观察输出信号的变化情况，必要时可以借助某些仪器仪表。各功能单元测试完成后，再贯通全部程序，测试各部分的接口情况，直到满意为止。程序测试可以在实验室进行，也可以在现场进行。如果是在现场进行程序测试，那就要将可编程序控制器系统与现场信号进行隔离，可以使用暂停输入输出服务指令，也可以切断输入输出模板的外部电源，以免引起不必要的、甚至是可能造成事故的机械设备动作。

5. 编写程序说明书

程序说明书是对程序的综合说明，是整个程序设计工作的总结。编写程序说明书的目的是便于程序的使用者和现场调试人员使用。对于编程人员本人来说，程序说明书也是不可缺少的，它是整个程序文件的一个重要组成部分。在程序说明书中通常可以对程序的依据，即控制要求、程序的结构、流程图等给予必要的说明，并且给出程序的安装操作使用步骤等。

3.4.2　程序设计流程图

根据上述的步骤，现给出 PLC 程序设计流程图，如图 3－6 所示。

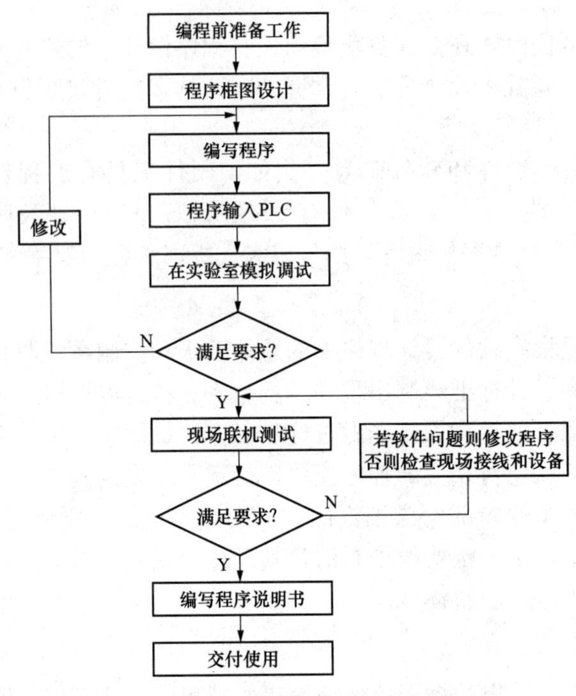

图 3－6　PLC 程序设计流程图

3.5　PLC 应用系统设计的内容和步骤

3.5.1　系统设计的原则与内容

1. 设计原则

(1) 最大限度地满足被控设备或生产过程的控制要求。

(2) 在满足控制要求的前提下，力求系统简单、经济，操作方便。

(3) 保证控制系统工作安全可靠。

(4) 考虑到今后生产的发展和工艺的改进，在设计容量时，应考虑适当留有进一步扩展的余地。

2. 设计内容

(1) 拟定控制系统设计的技术条件。技术条件一般以设计任务书的形式来确定，它是整个设计的依据；选择电气传动形式和电动机、电磁阀等执行结构。

(2) 选定 PLC 的型号。

(3) 编制 PLC 的 I/O 分配表或绘制 I/O 端子接线图。

(4) 根据系统设计的要求编写软件规格说明书，然后再用相应的编程语言进行程序设计。

(5) 人机界面的设计。

(6) 设计操作台、电气柜及非标准电气元部件。

(7) 编写设计说明书和使用说明书。

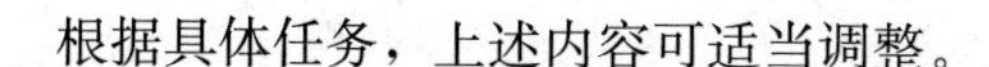

根据具体任务，上述内容可适当调整。

3.5.2 系统设计和调试的主要步骤

可编程序控制器应用系统设计与调试的主要步骤如图 3-7 所示。

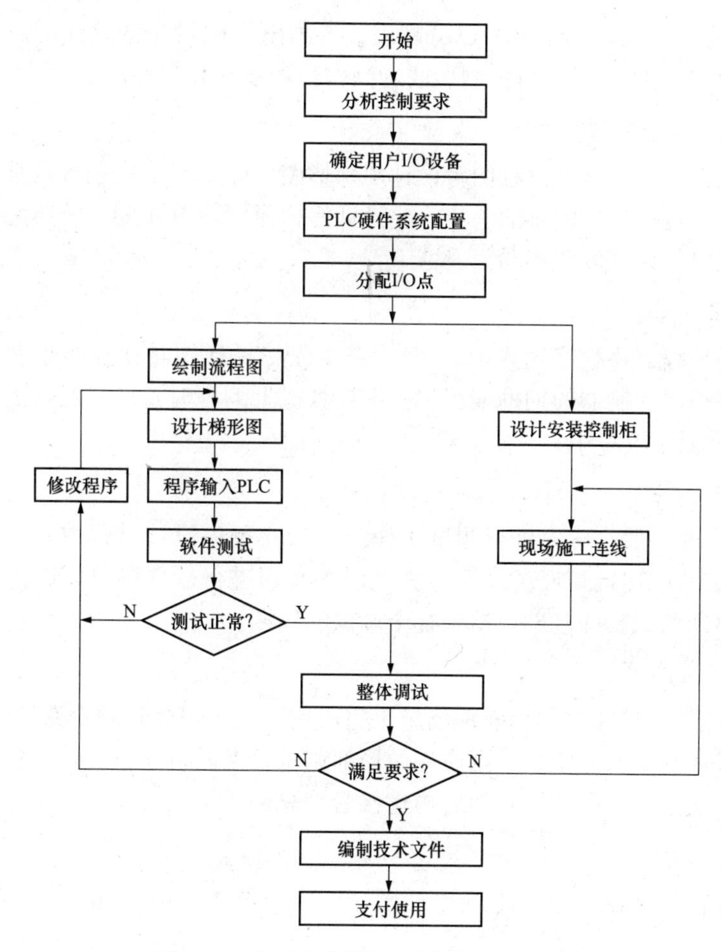

图 3-7 应用系统设计与调试的主要步骤

1. 深入了解和分析被控对象的工艺条件和控制要求

(1) 被控对象就是受控的机械、电气设备、生产线或生产过程。

(2) 控制要求主要指控制的基本方式、应完成的动作、自动工作循环的组成、必要的保护和连锁等。对于较复杂的控制系统而言，可将控制任务分成几个独立部分，有利于编程和调试。

2. 确定 I/O 设备

根据被控对象对 PLC 控制系统的功能要求，确定系统所需的用户输入、输出设备。常用的输入设备有按钮、选择开关、行程开关、传感器等，常用的输出设备有继电器、接触器、指示灯、电磁阀等。

3. 选择合适的 PLC 类型

根据已确定的用户 I/O 设备，统计所需的输入信号和输出信号的点数，选择合适的 PLC 类型，包括机型的选择、容量的选择、I/O 模块的选择、电源模块的选择等。

4. 分配 I/O 点

分配 PLC 的 I/O 点，编制出 I/O 分配表或者画出 I/O 端子的接线图。接着就可以进行 PLC 程序设计，同时可以进行控制柜或者操作台的设计和现场施工。

5. 设计应用系统梯形图程序

根据工作功能图表或状态流程图等设计出梯形图，即编程。这一步是整个应用系统设计最核心的工作，也是比较困难的一步，要设计好梯形图，首先要十分熟悉控制要求，同时还要有一定的电气设计实践经验。

6. 将程序输入 PLC

当使用简易编程器将程序输入 PLC 时，需要先将梯形图转换成指令助记符，以便输入。当使用可编程序控制器的辅助编程软件在计算机上编程时，可以通过上、下位机的连接电缆将程序下载到 PLC 中。

7. 进行软件测试

程序下载到 PLC 后，应先进行测试工作。因为在程序设计过程中，难免会有疏漏的地方，因此在将 PLC 连接到现场设备上去之前，必须进行软件测试，以排除程序中的错误，同时也为整个调试打好基础，缩短整个调试的周期。

8. 应用系统整体调试

在 PLC 软硬件设计和控制柜及现场施工完成后，就可以进行整个系统的连机调试了。如果控制系统是由几个部分组成，则应先做局部调试，然后再进行整体调试；如果控制程序很长，则可以先进行分段调试，然后再连接起来总调。

9. 编制技术文件

系统技术文件包括说明书、电气原理图、电器布置图、电气元件明细表、PLC 梯形图等。

3.6 PLC 应用系统的硬件设计

3.6.1 PLC 的型号

在满足控制要求的前提下，选型时应选择最佳的性能价格比，具体应考虑以下几点。

1. 工作环境

工作环境是 PLC 的硬件指标。基于 PLC 的控制系统往往要适应复杂的环境，如温度、湿度、噪声、震动、信号屏蔽和工作电压等，由于各种 PLC 不尽相同，因此一定要选用适应实际环境的 PLC 产品。

2. 机型的选择

PLC 机型选择的基本原则是：在功能满足要求的前提下，选择最可靠、维护使用最方便以及性能价格比最优的机型。

在工艺过程比较固定、环境条件比较好的场合，建议选用整体式结构的PLC；其他情况最好选用模块式结构的PLC。

目前有二百多家PLC厂家、400多个品种的PLC产品，这在选用方面给广大的PLC用户带来困难。目前，PLC已经形成了三个流派：一个流派是美国产品，另一个流派是欧洲产品，还有一个流派是日本产品。美国的PLC产品与欧洲的PLC产品表现出明显的差异性，而日本的PLC技术是由美国引进的。日本的微型小型PLC产品非常有特色，它对梯形图、语句表并重，还配置了包括功能指令在内的功能强大的指令系统。小型PLC产品主要是日本产品，其中OMRON公司占首位。对于同一个应用问题，选用日本的小型PLC产品就能解决，而用欧美产品常用中型乃至大型PLC才行。应该指出，美国PLC产品以A-B公司为代表，欧洲PLC产品以西门子公司为代表。日本PLC产品是以OMRON公司、三菱公司和松下公司为代表，松下公司是后起之秀。

认清PLC流派，应该尽可能地选用具有代表性的主流PLC产品。机型的选用还可以考虑以下几个方面。

(1) 选择熟悉编程软件的机型。由于生产PLC的厂商很多，一般地说，用户对哪一家公司哪个型号的PLC了解得多，特别是对它的指令和编程软件熟悉，则选用该公司的PLC为好。因为从可靠性、性能指标上来说，各家公司的产品大同小异。若用户的设备（或产品）或进口设备上已经用了某一种型号的PLC，再要选用PLC开发新的产品，在满足工艺条件的前提下，建议还是选用已经用过的PLC为好，这样，可以做到资源共享。

(2) 选择合资厂的机型时选用进口PLC好还是国产PLC好。国内的一些PLC生产厂家，特别是一些合资的PLC生产厂家，其PLC的性能与进口PLC是一样的，而且国内PLC厂商售后服务好、有备品备件容易解决。国产PLC的价格也比进口的PLC便宜1/3左右。当然进口的PLC，特别是一些国际上知名的大公司生产的PLC，尤其是大型或超大型PLC，在重大工程上仍然是首选对象。

(3) 选择性能相当的机型时还有一个重要问题就是性能要相当。如果只有十几个开关量输入输出的工程项目，选用了带有模拟量输出输入的PLC机型就大材小用了，这时只要选择性能相当的PLC，其价格便可以大大地降低。

(4) 选择新机型：由于PLC产品更新换代很快，因此选用相应的新机型很有必要。

(5) 性能与任务相适应。对于开关量控制的应用系统，当对控制速度要求不高时，可以选用小型PLC，如OMRON公司C系列CPM1A/CPM2A型PLC或西门子公司S7-200系列的PLC就能满足要求。例如，对小型泵的顺序控制、单台机械的自动控制等。

对于以开关量控制为主，带有部分模拟量控制的应用系统，如工业生产中常遇到的温度、压力、流量、液位等连续量的控制，则应选用带有A/D转换的模拟量输入模块和带D/A转换的模拟量输出模块，配接相应的传感器、变送器（对温度控制系统可选用温度传感器直接输入的温度模块）和驱动装置，并且选择运算功能较强的小型PLC，如OMRON公司的CQM1/CQM1H型PLC或西门子公司S7-300系列的PLC。

对于控制比较复杂的中大型控制系统，如闭环控制、PID调节、通信联网等，可以选用中、大型PLC，如OMRON公司的C200HE/C200HG/C200HX、CV/CVM1等PLC或

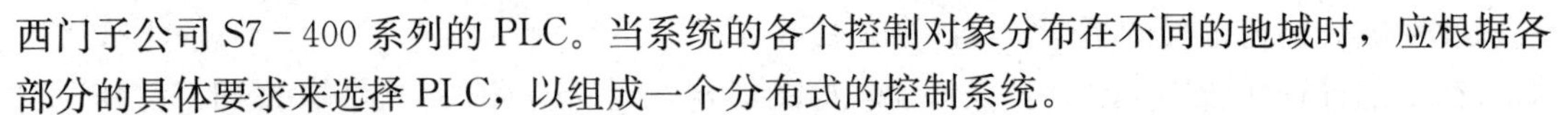

西门子公司 S7－400 系列的 PLC。当系统的各个控制对象分布在不同的地域时，应根据各部分的具体要求来选择 PLC，以组成一个分布式的控制系统。

（6）PLC 的处理速度应满足实时控制的要求。PLC 工作时，从输入信号到输出控制存在着滞后现象，即输入量的变化，一般要在 1～2 个扫描周期之后才能反映到输出端，这对于一般的工业控制是允许的。但有些设备的实时性要求较高，不允许有较大的滞后时间。例如，PLC 的 I/O 点数在几十到几千点的范围内，这时用户应用程序的长短对系统的响应速度会有较大的差别。滞后时间应控制在几十毫秒之内，应小于普通继电器的动作时间（普通继电器的动作时间约为 100ms），否则就没有意义了。通常为了提高 PLC 的处理速度，可以采用以下几种方法。

1）选择 CPU 处理速度快的 PLC，使执行一条基本指令的时间不超过 0.5μs。

2）优化应用软件，缩短扫描周期。

3）采用高速响应模块，如高速计数模块，其响应的时间可以不受 PLC 扫描周期的影响，而只取决于硬件的延时。

（7）PLC 应用系统结构合理、机型系列应统一。PLC 的结构分为整体式和模块式两种。整体式结构把 PLC 的 I/O 和 CPU 放在一块印刷电路板上，省去连接环节，其体积小，每一 I/O 点的平均价格比模块式的便宜，适用于工艺过程比较稳定，控制要求比较简单的系统。模块式 PLC 的功能扩展、I/O 点数的增减、输入与输出点数的比例，都比整体式方便灵活。模块式 PLC 维修更换模块，判断与处理故障快速方便，适用于工艺过程变化较多，控制要求复杂的系统。在使用时，应按实际具体情况进行选择。

在一个单位或一个企业里，应尽量使用同一系列的 PLC，这不仅使模块的通用性好，减少备件量，而且给编程和维修带来极大的方便，也给系统的扩展升级带来方便。

（8）通信网络。现在的 PLC 已不再是简单的现场控制，PLC 远端通信已成为控制系统必须解决的问题，但各公司制定的通信协议千差万别，兼容性差。主要应该考虑以下几个方面。

1）同一厂家产品间的通信：各厂家都有自己的通信协议，而且不止一种。对于一个新的控制系统，应该尽可能地选用流行的同一厂家的 PLC 之间的通信。

2）不同厂家产品间的通信：若所进行的控制系统设计是对已有的控制系统进行部分改造，而所选择的是与原系统不同的 PLC，或者设计中需要两个或两个以上的 PLC，而选用了不同厂家的产品（一般不推荐这样设计），这时就应该考虑不同厂家产品之间的通信问题。

3）是否有利于将来：应该选用影响面大、有发展的、功能完备和接近通用的协议。

（9）在线编程和离线编程的选择。小型 PLC 一般使用简易编程器。它必须插在 PLC 上才能进行编程操作，其特点是编程与 PLC 共用一个 CPU，在编程器上有一个运行/监控/编程（“RUN/MONITOR/PROGRAM”）选择开关，当需要编程或修改程序时，将选择开关转到编程（“PROGRAM”）位置，这时 PLC 的 CPU 不执行用户程序，只为编程器服务，这就是“离线编程”。当程序编好后再把选择开关转到运行（“RUN”）位置，CPU 则去执行用户程序，对系统实施控制。简易编程器结构简单、体积小，携带方便，很适合在生产现场调试、修改程序时使用。

图形编程器或者个人计算机与编程软件包配合可实现在线编程。PLC 和图形编程器各有自己的CPU，编程器的CPU可以随时对键盘输入的各种编程指令进行处理；PLC的CPU主要完成对现场的控制，并在一个扫描周期的末尾与编程器通信，编程器将编好或修改好的程序发送给PLC。在下一个扫描周期，PLC将按照修改后的程序或参数进行控制，实现“在线编程”。图形编程器价格较贵，但它功能强，适应范围广，不仅可以用指令语句编程，还可以直接用梯形图编程，并且可以存入磁盘或用打印机打印出梯形图和程序。一般大、中型PLC多采用图形编程器。使用个人计算机进行在线编程，可以省去图形编程器，但需要编程软件包的支持，其功能类似于图形编程器。

3.6.2 PLC容量估算

PLC容量包括两个方面：一是I/O的点数；二是用户存储器的容量。

1. I/O点数的估算

根据被控对象输入信号和输出信号的总点数，并考虑到今后调整和扩充，一般应加上10%～15%的备用量。

2. 用户存储器容量的估算

用户应用程序占用多少内存与许多因素有关，如I/O点数、控制要求、运算处理量、程序结构等，因此在程序设计之前只能粗略地估算。根据经验，每个I/O点及有关功能器件占用的内存大致如下。

(1) 开关量输入：所需存储器字数＝输入点数×10。

(2) 开关量输出：所需存储器字数＝输出点数×8。

(3) 定时器1计数器：所需存储器字数＝定时器/计数器数量×2。

(4) 模拟量：所需存储器字数＝模拟量通道数×100。

(5) 通信接口：所需存储器字数＝接口个数×300。

根据存储器的总字数再加上一个备用量。

典型传动设备及采用电气元件所需要的开关量I/O点数见表3-2。

表3-2　典型传动设备及采用电气元件所需要的开关量I/O点数

序号	电气设备、元件	输入点数	输出点数
1	Y启动的鼠笼异步电动机	4	3
2	单向运行的鼠笼异步电动机	4	1
3	可逆运行的鼠笼异步电动机	5	2
4	单向运行的绕线异步电动机	3	4
5	可逆运行的绕线异步电动机	4	5
6	单向变极电动机	5	3
7	可逆变极电动机	6	4
8	单向运行的直流电动机	9	6
9	可逆运行的直流电动机	12	8
10	单线圈电磁阀	2	1
11	双线圈电磁阀	3	2

续表

序号	电气设备、元件	输入点数	输出点数
12	比例阀	3	5
13	按钮	1	—
14	光电管开关	2	—
15	拨码开关	4	—
16	行程开关	1	—
17	接近开关	1	—
18	位置开关	2	
19	制动器	—	1
20	信号灯	—	1

3.6.3 I/O模块的选择

1. 开关量输入模块的选择

PLC的输入模块用来检测来自于现场（如按钮、行程开关、温控开关、压力开关等）的高电平信号，并将其转换为PLC内部的低电平信号。

按输入点数分：常用的PLC输入模块有8点、12点、16点、32点等。

按工作电压分：常用的PLC输入模块有直流5V、12V、24V，交流110V、220V等。

按外部接线方式PLC输入模块又可以分为：汇点输入、分隔输入等。

选择输入模块主要考虑以下两点。

(1) 根据现场输入信号（如按钮、行程开关）与PLC输入模块距离的远近来选择电压的高低。一般24V以下属于低电平，其传输距离不宜太远，如12V电压模块一般不超过10m。距离较远的设备选用较高电压的模块比较可靠。

(2) 高密度的输入模块，如32点输入模块，能允许同时接通的点数取决于输入电压和环境温度。一般同时接通的点数不得超过总输入点数的60%。

2. 开关量输出模块的选择

输出模块的任务是将PLC内部低电平的控制信号转换为外部所需电平的输出信号，驱动外部负载。输出模块有三种输出方式：继电器输出、双向可控硅输出、晶体管输出。

(1) 输出方式的选择。继电器输出价格便宜，使用电压范围广，导通压降小，承受瞬时过电压和过电流的能力较强，且有隔离作用，但继电器有触点，寿命较短，且响应速度较慢，适用于动作不频繁的交直流负载。当驱动电感性负载时，其最大开闭频率不得超过1Hz。

晶闸管输出（交流）和晶体管输出（直流）都属于无触点开关输出，适用于通断频繁的感性负载。感性负载在断开的瞬间会产生较高的反压，必须采取抑制措施。

(2) 输出电流的选择。模块的输出电流必须大于负载电流的额定值。当负载电流较大，输出模块不能直接驱动时，应增加中间放大环节。对子电容性负载、热敏电阻负载，考虑到接通时有冲击电流，因此要留有足够的余量。

(3) 允许同时接通的输出点数。在选用输出模块时，不仅要看一个输出点的驱动能力，还要看整个输出模块的满负荷能力，即输出模块同时接通点数的总电流值不得超过模块规定的最大允许电流值，如 OMRON 公司的 CQM1-OC222 是 16 点输出模块，每个点允许通过电流 2A（AC250V/DC24V），但整个模块允许通过的最大电流仅为 8A。

3. 特殊功能模块

除了开关量信号以外，工业控制中还要对温度、压力、物位、流量等过程变量进行检测和控制。模拟量输入、模拟量输出以及温度控制模块就是将过程变量转换为 PLC 可以接受的数字信号以及将 PLC 内的数字信号转换成模拟信号输出的模块。此外，还有一些特殊情况，如位置控制、脉冲计数以及联网，与其他外部设备连接等都需要专用的接口模块，如传感器模块、I/O 连接模块等。这些模块中有自己的 CPU、存储器，能在 PLC 的管理和协调下独立地处理特殊任务，这样既完善了 PLC 的功能，又可以减轻 PLC 的负担，提高处理速度。

3.6.4　分配输入/输出点

一般输入点与输入信号、输出点与输出控制是一一对应的。输入点与输出点分配好后，按系统配置的通道与接点号，分配给每一个输入信号和输出信号，即进行编号。

在个别情况下，也有两个信号用一个输入点的，这样就应在接入输入点前，按逻辑关系接好线（如两个触点先串联或并联），然后再接到输入点。

1. 明确 I/O 通道范围

不同型号的 PLC，其输入与输出通道的范围是不一样的，应根据所选 PLC 的型号，查阅相应的编程手册，绝不可“张冠李戴”。

2. 内部辅助继电器

内部辅助继电器不对外输出，不能直接连接外部器件，而是在控制其他继电器、定时/计数器时作数据存储或数据处理用。从功能上讲，内部辅助继电器相当于传统电控柜中的中间继电器。

3. 数据存储器

在数据存储、数据转换以及数据运算等场合，经常需要处理以通道为单位的数据，此时应用数据存储器是很方便的。数据存储器中的内容即使在 PLC 断电、运行开始或停止时也能保持不变。数据存储器也应根据程序设计的需要来合理安排，详细列出各 DM 通道在程序中的用途，以避免重复使用。

3.7　PLC 在全自动洗衣机控制系统中的应用

本节采用西门子公司 S7-200 系列的 PLC，设计一个简单的全自动洗衣机控制系统。

3.7.1　全自动洗衣机控制系统的控制要求

1. 全自动洗衣机的工作原理

普通洗衣机的工作流程示意图如图 3-8 所示。

洗衣机的工作流程由进水、洗衣、排水和脱水4个过程组成。在半自动洗衣机中，这4个过程分别用相应的按钮来控制。在全自动洗衣机中，这4个过程可以做到全自动依次运行，直到洗衣结束。

自动洗衣机的进水、洗衣、排水和脱水是通过水位开关、电磁进水阀和电磁排水阀配合进行控制，从而实现自动控制的。水位开关用来控制进水到洗衣机内的高、中、低水位。电磁进水阀起着通/断水源的作用，进水时，电磁进水阀打开，将水注入；排水时，电磁排水阀打开，将水排出；洗衣时，洗涤电动机启动；脱水时，脱水桶启动。

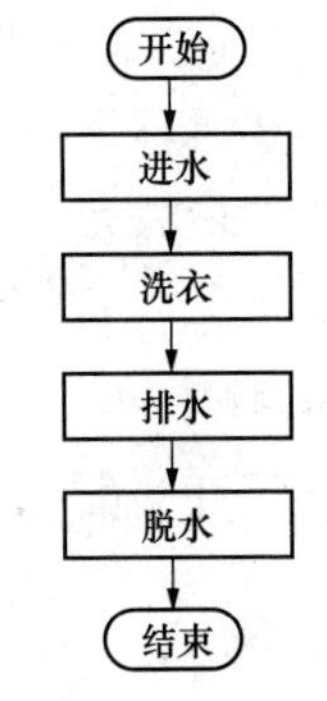

图3-8 普通洗衣机的工作流程图

2. 设备控制要求

全自动洗衣机控制系统的要求是能实现“正常运行”和“强制停止”两种控制方式。

(1) 正常运行。“正常运行”方式的具体控制要求如下。

1) 将水位通过水位选择开关设在合适的位置（高、中、低），按下“启动”按钮后，开始进水，达到设定的水位（高、中、低）后停止进水。

2) 进水停止2s后开始洗衣。

3) 洗衣时，正转20s，停止2s，然后反转20s，停2s。

4) 如此循环共5次，总共220s后开始排水，排空后脱水30s。

5) 然后再进水，重复（1）～（4）步，如此循环共3次。

6) 洗衣过程停止后，报警3s并自动停机。

(2) 强制停止。“强制停止”方式的具体控制要求如下。

1) 若按下“停止”按钮，则洗衣过程停止，即洗涤电动机和脱水桶、进水电磁阀和排水电磁阀全部闭合。

2) 可以用手动排水开关和手动脱水开关进行手动排水和脱水。

3.7.2 全自动洗衣机控制系统的PLC选型和资源配置

根据系统的控制要求，可以选用西门子的CPU－224（AC/DC/继电器）模块，同时由于该模块采用交流220V供电，并且自带14个数字量输入点和10个数字量输出点，因此完全能满足全自动洗衣机控制系统的要求，所以不再需要另外的电源模块、数字量输入和输出模块。I/O分配采用自动分配方式，模块上的输入端子对应的输入地址是I0.0～I1.5，输出端子对应的输出地址是Q0.0～Q1.1。

3.7.3 全自动洗衣机控制系统的程序设计和调试

1. 编程软件

编程软件采用西门子公司为其生产的PLC而专门设计的编程软件STEP7－Micro/Win32。

2. 程序的流程图、构成和相关设置

(1) 流程图。

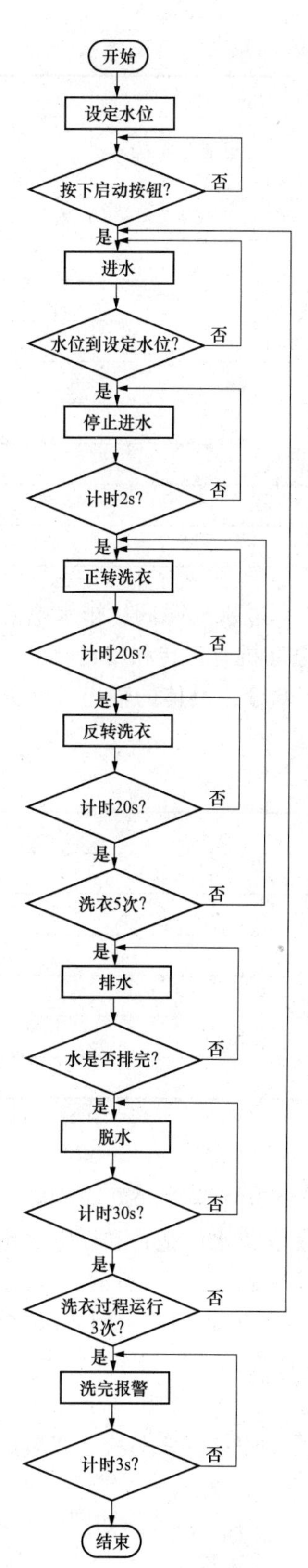

图 3-9　正常运行流程图

1）正常运行流程图。正常运行流程图如图 3-9 所示。

2）强制停止流程图。强制停止流程图如图 3-10 所示。

（2）程序的构成。这个程序有自动方式和手动方式两种。在自动方式下，PLC 将运行已经设置好的程序和参数（适用于机械一切都正常的情况下）。手动方式是指在紧急停止情况下，可以手动进行排水和脱水。

（3）程序的下载、安装和调试。将各个 I/O 端子和实际控制系统中的按钮、所需控制设备正确连接，完成硬件的安装。全自动洗衣机程序由 STEP7-Micro/Win32 软件的指令完成，正常工作时程序存放在存储卡中，若要修改程序，则需先将 PLC 设定在 STOP 状态下，运行 STEP7-Micro/Win32 编程软件，打开全自动洗衣机程序，即可在线调试，也可以用编程器进行调试。

3.7.4　全自动洗衣机控制系统 PLC 程序

1. 系统资源分配

（1）数字量输入部分。这个控制系统的输入有启动按钮、停止按钮、水位选择开关（高水位、中水位、低水位）、手动排水开关、自动排水开关、高水位浮球开关、中水位浮球开关、低水位浮球开关、水排空浮球开关等共 11 个输入点。具体的输入分配见表 3-3。

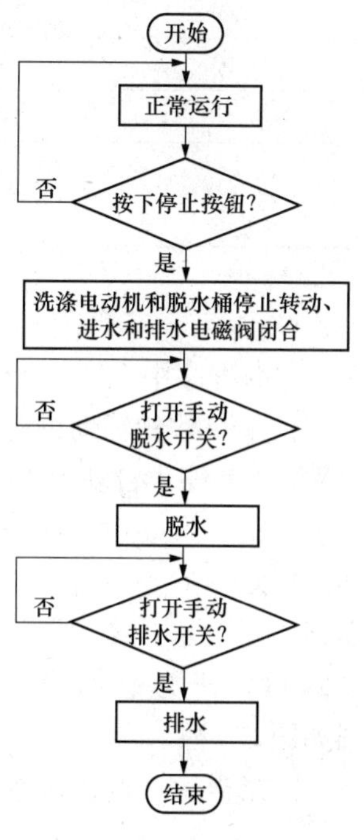

图 3-10　强制停止流程图

表 3-3　　输入地址分配

输入地址	对应的外部设备
I0.0	启动按钮
I0.1	停止按钮
I0.2	水位选择开关（高水位）
I0.3	水位选择开关（中水位）
I0.4	水位选择开关（低水位）
I0.5	手动排水开关
I0.6	自动排水开关
I0.7	高水位浮球开关
I1.0	中水位浮球开关
I1.1	低水位浮球开关
I1.2	水排空浮球开关

(2) 数字量输出部分。这个控制系统需要控制的外部设备有进水电磁阀、排水电磁阀、洗涤电动机、脱水桶、报警器等 5 个设备。但是由于洗涤电动机有正转和反转两个状态，因此分别有正转接触器和反转接触器，所以输出点应该有 6 个。具体的输出分配见表 3-4。

表 3-4　　输出地址分配

输出地址	对应的外部设备
Q0.0	进水电磁阀
Q0.1	排水电磁阀
Q0.2	洗涤电动机正转接触器
Q0.3	洗涤电动机反转接触器
Q0.4	脱水桶
Q0.5	报警器

2. 程序设计

(1) 辅助继电器。在本程序中，M0.0 是按下启动按钮的辅助继电器；M0.1 是判断洗衣机水位是否和设定水位不一致的辅助继电器；M0.2 是判断洗衣机水位是否和设定水位一致的辅助继电器；M0.3 是停止自动洗衣的辅助继电器。梯形图如图 3-11 所示。

(2) 进水。在正常情况下，按下启动按钮或脱水完毕，而且洗衣大循环未到 3 次时，开始进水，当水位到设定水位后停止进水，等待 2s 后进入洗衣过程。在强制停止情况下，当停止按钮按下时立即停止进水。梯形图如图 3-12 所示。

(3) 洗衣。进水 2s 后，开始洗衣，先正转 20s，然后再反转 20s，这样循环 5 次后进入排水过程。梯形图如图 3-13 所示。

(4) 排水。洗衣过程完毕后，进入排水过程。水排空后停止排水。梯形图如图 3-14 所示。

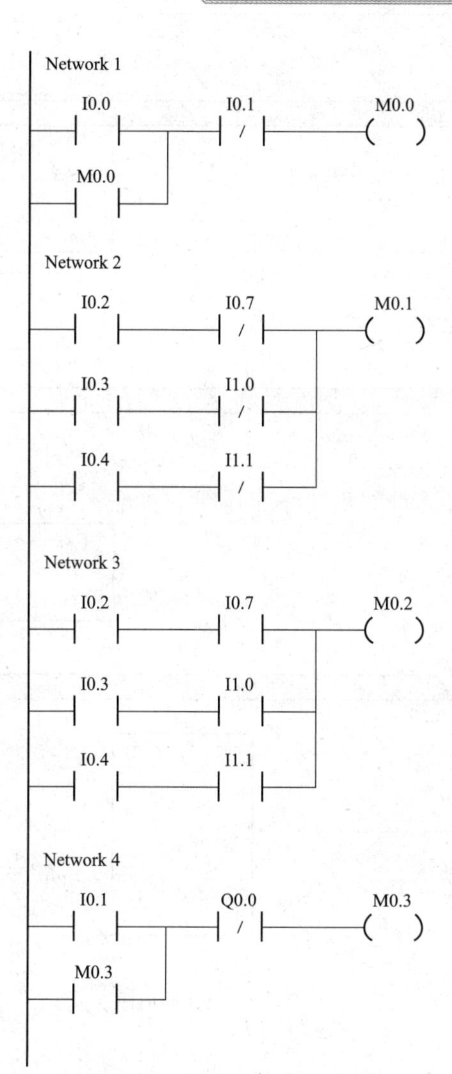

图 3－11 辅助继电器梯形图

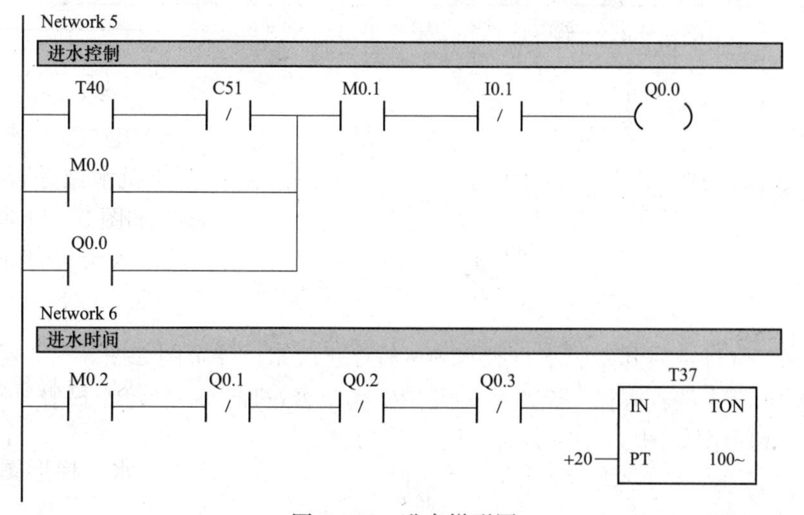

图 3－12 进水梯形图

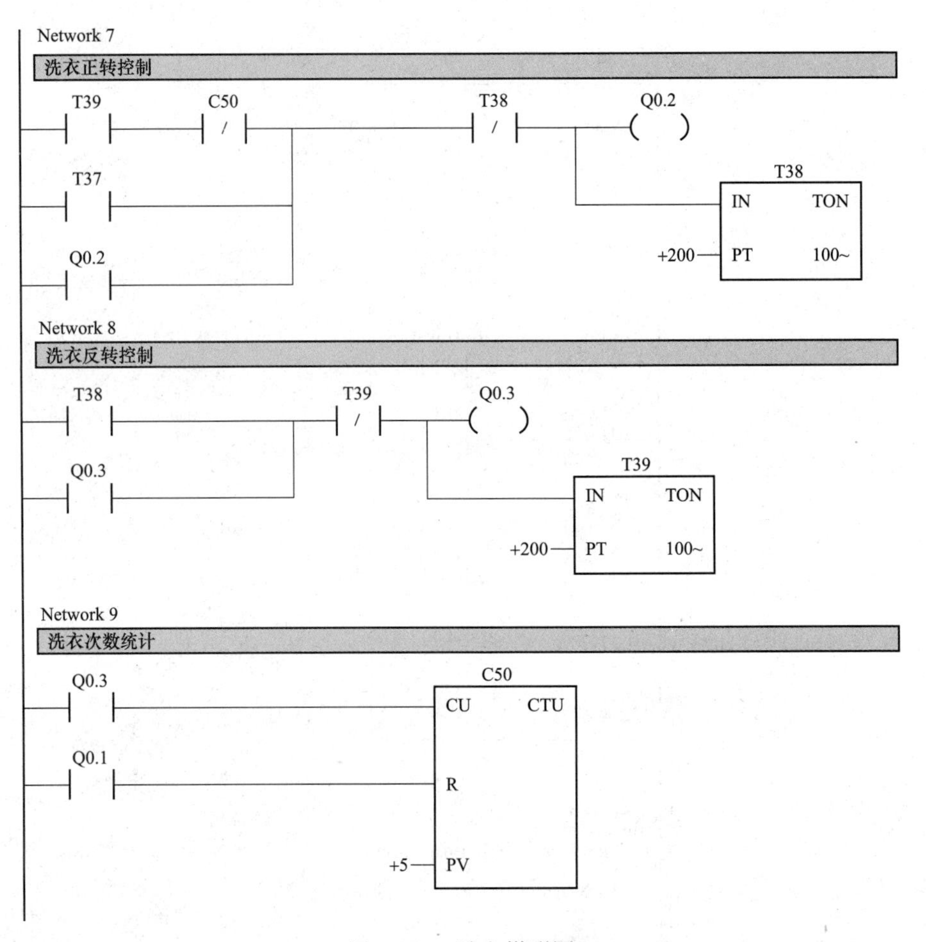

图 3－13　洗衣梯形图

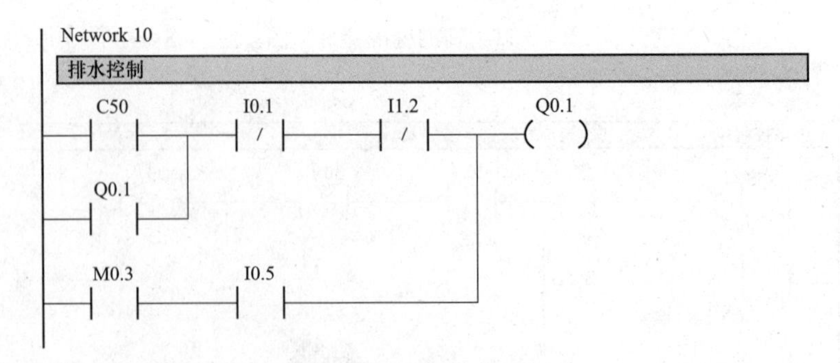

图 3－14　排水梯形图

（5）脱水。水排空后开始脱水，脱水 30s 后停止脱水。梯形图如图 3－15 所示。

（6）洗完报警。洗衣大循环 3 次后，开始洗完报警过程，3s 后停止报警。至此整个洗衣过程结束。梯形图如图 3－16 所示。

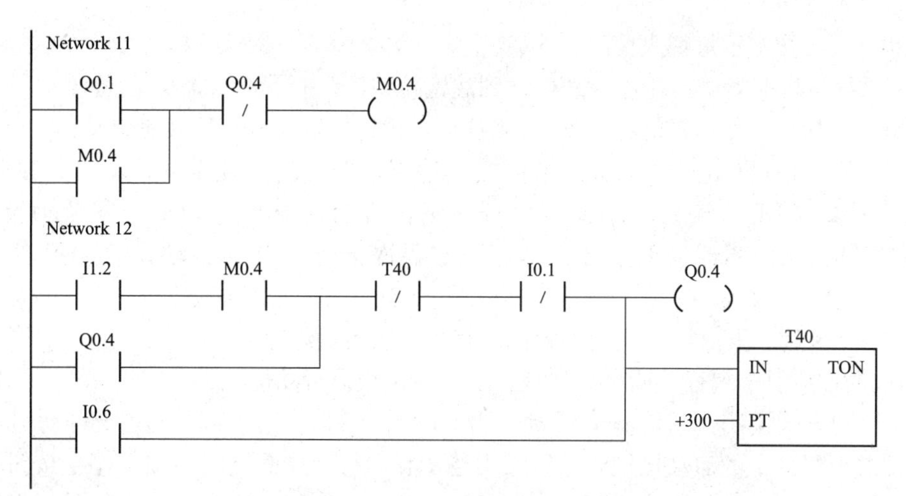

图 3-15　脱水梯形图

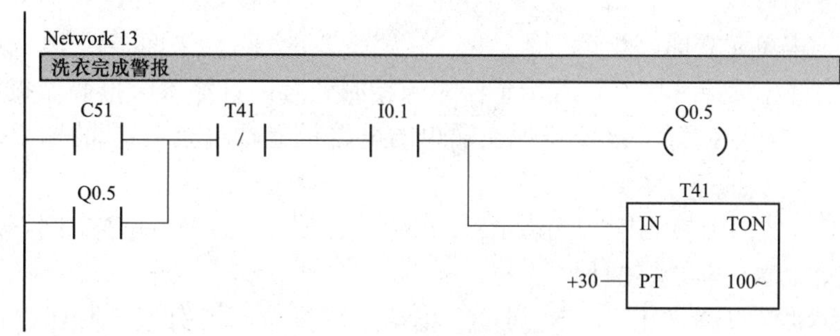

图 3-16　洗完报警梯形图

3.8　PLC 自动生产线控制系统中的应用

自动生产线采用了 SIEMENS 公司的 PROFIBUS-DP 现场总线控制系统，选用了 SIEMENS 的 S7-300 作为主站，S7-200 作为从站。主站与从站之间通过 V 变量进行数据传输，V0.0～V1.7 为从站接收主站控制信号，V2.0～V3.7 为从站向主站发送的数据信息。控制系统中包括 7 个从站点：下料单元、加盖单元、穿销单元、温度控制系统、检测单元、分捡单元（气动机械手）、叠层立体仓库。本例选取加盖、穿销、检测三个单元进行分析设计。

加盖单元：托盘带装配主体进入本站后，通过摆臂机构的摆动将上盖装在主体中，放行，托盘带装配主体沿传送带向下站运行。

穿销单元：托盘带装配主体进入本站后，经直线推动机构，将销钉准确装配到上盖与工作主体中，使三者成为整体，成为工件。销钉分为金属和非金属两种。

检测单元：工件进入本单元，进行销钉材质的检测（金属、塑料）和工件标签的检测，以确定工件是否合格，其中，贴标签为合格品，其余为不合格品。

3.8.1　自动生产线穿销钉单元

1. 控制要求

(1) 初始状态：销钉气缸处于复位状态；限位杆竖起禁止为止动状态；传送电动机处

于停止状态；工作指示灯熄灭。

(2) 系统运行期间：当托盘装载工件到达定位口时，托盘传感器发出检测信号，且确认无销钉信号后，工作指示灯亮，经 3s 确认后，销钉气缸推进执行装销钉动作。

1) 当销钉气缸发出至位信号后结束推进动作，并自动回复至复位状态；接收到销钉检测信号 2s 后止动气缸动作使限位杆落下，将托盘放行（若销钉安装为空操作，则 2s 后销钉检测传感器仍无信号，销钉气缸再次推进执行安装动作，直到销钉安装到位）。

2) 放行 3s 后，限位杆竖起处于禁行状态，工作指示灯熄灭。

3) 根据上述要求编程、调试、接线，实现带负载运行功能。

(3) 控制方式说明：系统具有手动、自动两种运行方式。当系统处于自动运行方式时，按下总控平台上的启动按钮，系统按上述步骤运行。在此期间若按下停止按钮，则应在完成本次安装销钉动作操作后停止。当系统处于手动运行方式时，采用一对一的控制方式，即分别设置销钉气缸、止动气缸、传送电动机和工作指示灯。无论在何种工况，若按下急停按钮，则本单元立即停止运行。

(4) 本站销钉连续穿三次后，若传感器还未检测到有销钉穿入，报警器报警，则此时应在销钉下料仓内加入销钉（报警器焊在输出的电路板上，对应 PLC 的输出点为 Q1.6、Q1.7）。

(5) 通过光纤传感器检测销钉，将销钉准确装配到上盖与工作主体中间，使三者成为整体，销钉分为金属与非金属两种。

(6) 本单元动作过程：止动气缸到位、止动气缸复位、销钉气缸到位、销钉气缸复位、托盘检测、销钉检测。

2. 机型选择

选择西门子 S7-200 系列小型 PLC 进行控制。

3. I/O 点分配

I/O 点分配见表 3-5。

表 3-5　　穿销钉单元 I/O 点分配表

输入设备名称	PLC 输入点	输入设备名称	PLC 输入点
销钉检测传感器	I0.0	止动气缸	Q0.0
托盘检测传感器	I0.1	工作指示灯	Q0.1
销钉气缸至位传感器	I0.2	销钉气缸	Q0.2
销钉气缸复位传感器	I0.3	传送电动机	Q0.3
止动气缸至位传感器	I0.4		
止动气缸复位传感器	I0.5		
手动/自动按钮	I2.0		
启动按钮	I2.1		
停止按钮	I2.2		
急停按钮	I2.3		

4. 穿销钉单元控制程序

穿销钉单元控制程序如图 3－17 所示。

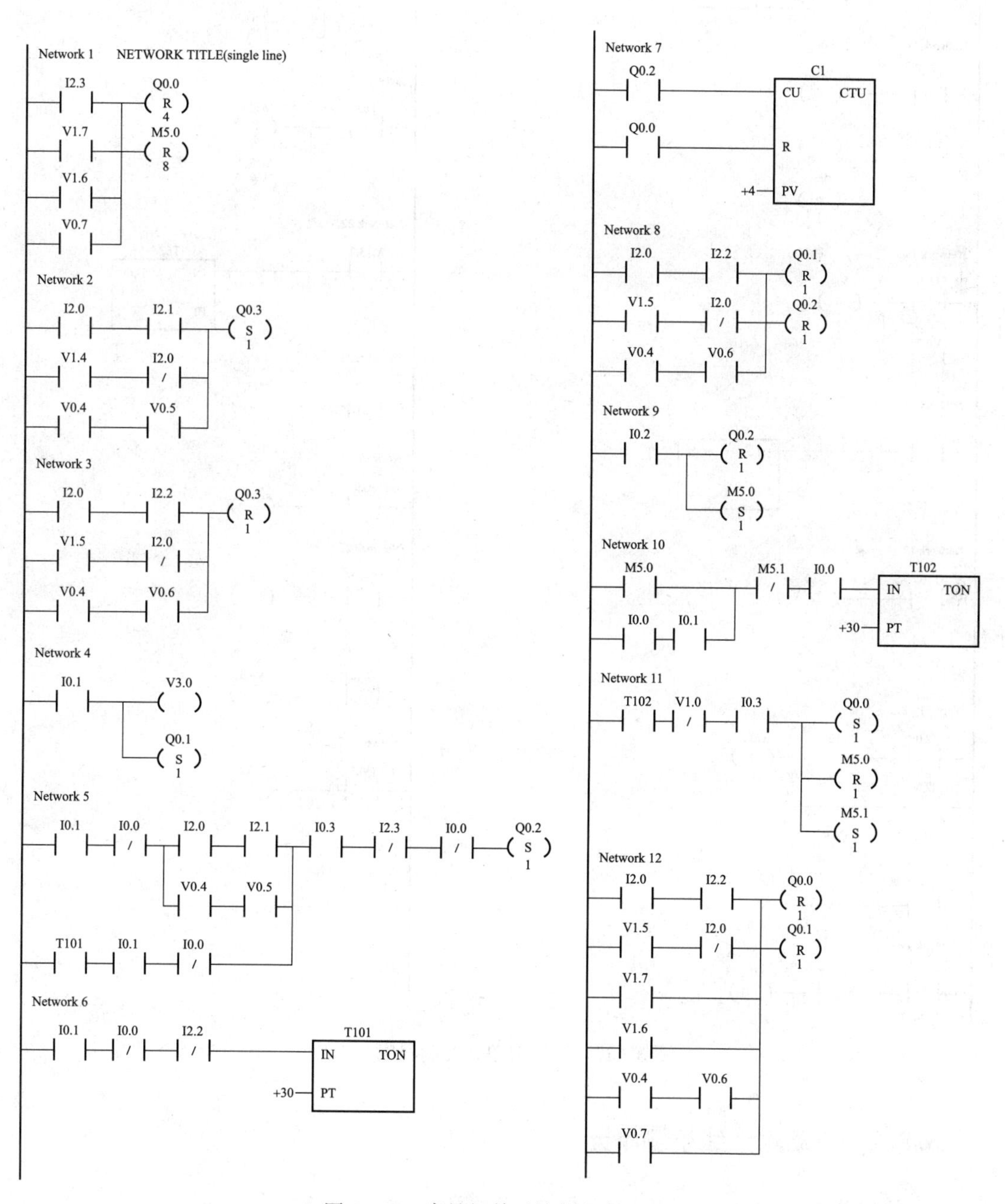

图 3－17 穿销钉单元控制程序（一）

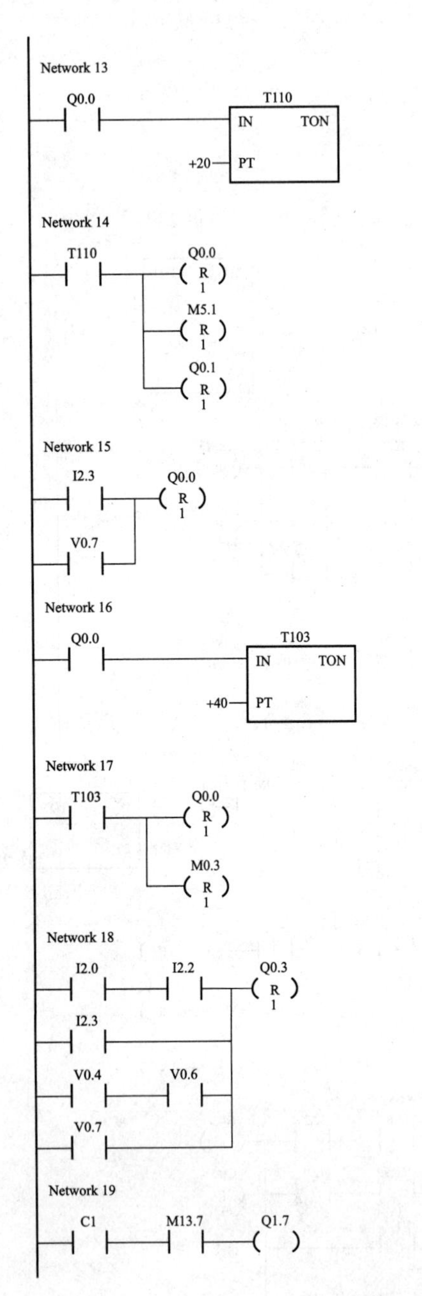

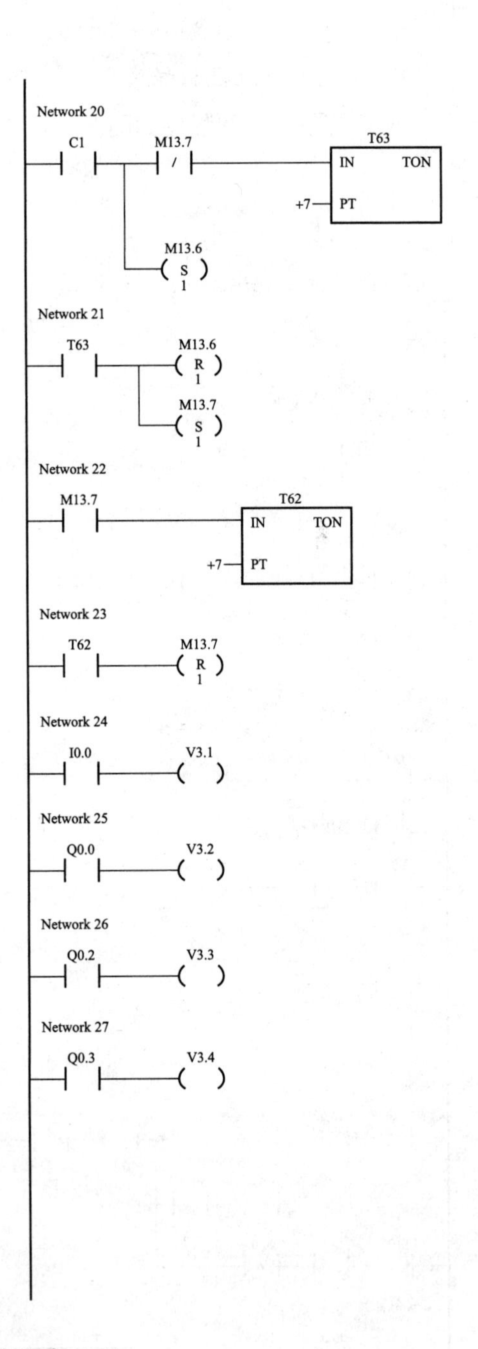

图 3－17　穿销钉单元控制程序（二）

3.8.2　自动生产线检测单元

1. 控制要求

（1）初始状态：直流电磁吸铁释放；工作指示灯熄灭，传送电动机停止。

（2）系统运行期间过程如下。

1）当托盘带工件进入本站后，进行 2s 延时。

2）延时过程中检测托盘上的工件情况，此时检测工件的主体，工件是否有上盖，是否贴标签（贴标签为合格产品，无标签则为废品，将进入废品回收单元），是否穿销钉，若穿销钉，分析销钉的材质为金属还是非金属，置相应的标志位，以便在分捡和料仓中作判断标志使用。

（3）产品检测要求如下。

1）上盖检测：上盖为1，未上盖为0。

2）销钉材质检测：金属为1，非金属为0。

3）色差检测：贴签为1，未贴签为0。

4）销钉检测：已穿销为1，未穿销为0。

（4）2s后，检测完毕，直流电磁吸铁放行，工件进入下一站，同时再进行2s延时。

（5）2s后直流电磁吸铁复位，该站恢复预备工作状态。

2. 机型选择

选择西门子S7-200系列小型PLC进行控制。

3. I/O点分配

I/O点分配见表3-6。

表3-6　　检测单元I/O点分配表

输入设备名称	PLC输入点	输出设备名称	PLC输出点
托盘检测传感器	I0.0	直流电磁吸铁	Q0.0
上盖检测传感器	I0.1	传送电动机	Q0.1
材质检测传感器	I0.2	工作指示灯	Q0.2
色差检测传感器	I0.3		
销钉检测传感器	I0.5		
手动/自动按钮	I2.0		
启动按钮	I2.1		
停止按钮	I2.2		
急停按钮	I2.3		

4. 检测单元控制程序

检测单元控制程序如图3-18所示。

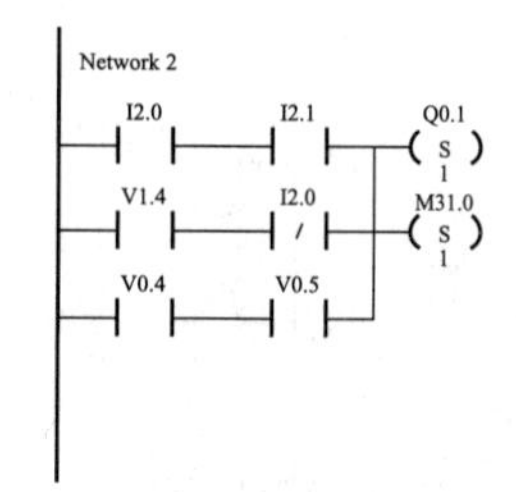

图3-18　检测单元程序（一）

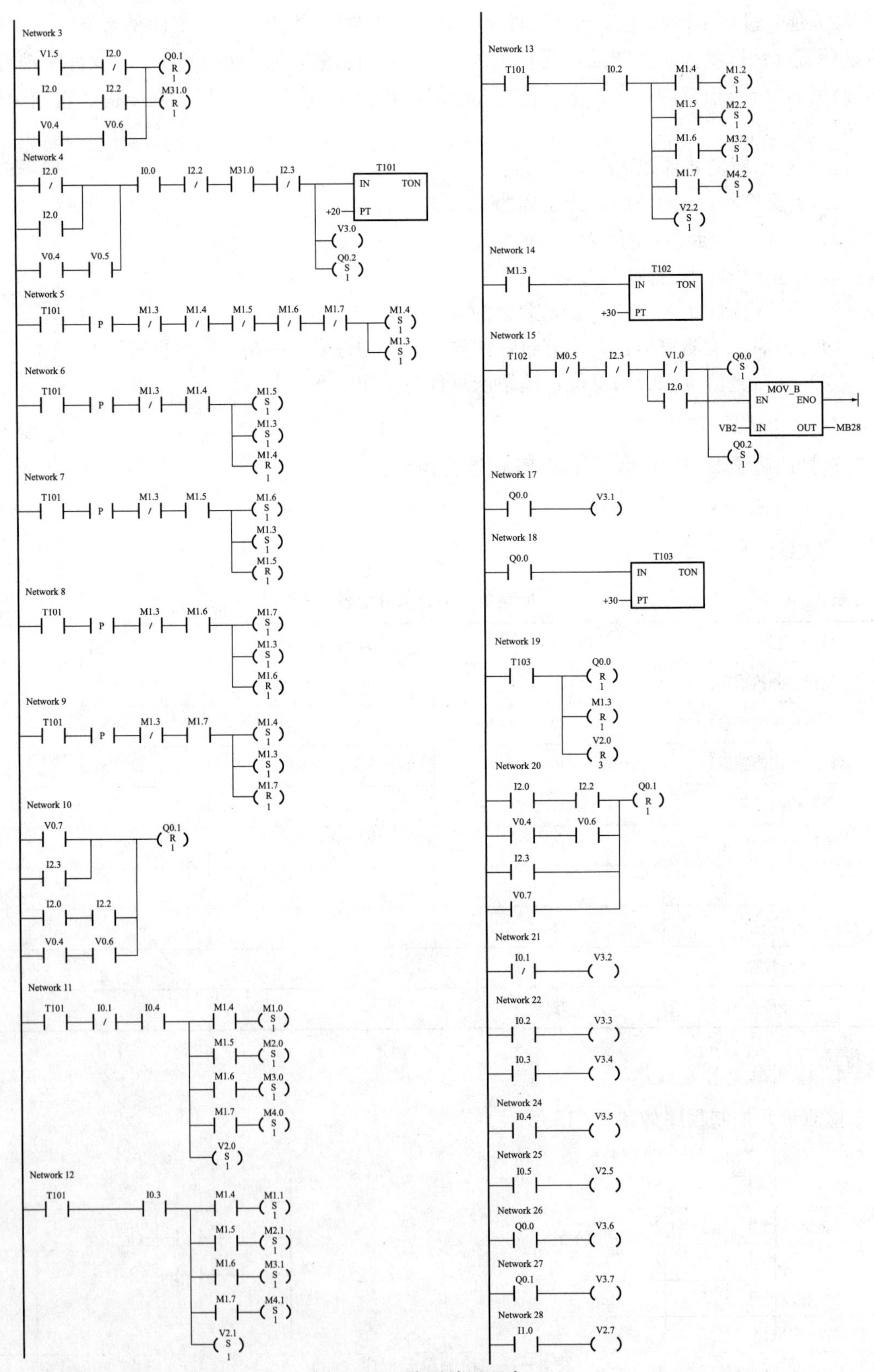

图 3-18　检测单元程序（二）

3.8.3　自动生产线加盖单元

1. 控制要求

（1）初始状态：加盖单元主摆臂处于原位；直流电磁阀的限位杆竖起处于止动状态；工作指示灯熄灭；直线单元的传送带处于静止状态。

（2）系统运行期间：直线单元上的电动机带动传送带开始工作，当托盘装载工件主体到达定位口时，由电感式传感器检测托盘，发出检测信号；工作指示灯亮，由电容式传感器检测上盖，确认无上盖信号后，经3s确认后启动主摆臂执行加盖动作。

（3）PLC通过两个继电器控制电动机正、反转，电动机带动减速机使摆臂动作，主摆臂从料槽中取出上盖，翻转180°，当碰到放件控制板时复位弹簧松开，此时摆臂碰到外限位开关后停止，上盖靠自重落入工件主体内。

（4）加盖动作到位后，外限位开关发出加盖到位信号，主摆臂结束加盖动作，2s后启动摆臂，执行返回原位动作。

（5）返回原位动作后内限位开关发出返回到位信号，主摆臂结束返回动作；此时若上盖安装到位，即上盖检测传感器发出检测信号，则同时启动直流电磁阀动作，电磁阀吸下，将托盘放行（若上盖安装为空操作，即上盖传感器无检测信号，则主摆臂应再次执行加装上盖动作，直到上盖安装到位）。

（6）放行2s后，电磁阀释放，恢复止动状态，工作指示灯灭，该站恢复预备工作状态。当摆臂往复三次并没有取到上盖时，此时报警器发出警报，示意应在料槽内加入上盖（报警器焊接在电路板上，输出点为Q1.7）。

2. 控制方式说明

系统具有手动、自动两种运行方式。当系统处于自动运行方式时，按下总控平台上的启动按钮，系统按上述步骤运行；若按下停止按钮，则传送带停止工作；按下复位按钮，所有动作回到初始状态。系统处于手动运行方式时，按下本站的启动按钮，则启动传送带，执行上述步骤。按下停止按钮则传送带停止动作。无论在何种运行方式下，若按下急停按钮，则本单元立即停止运行。

3. 机型选择

根据实际的控制点数和系统需要实现的控制要求，本系统选用西门子S7－200系列PLC进行控制。

4. I/O点分配

I/O点分配见表3－7。

表3－7　　加盖单元I/O点分配表

输入设备名称	PLC输入点	输出设备名称	PLC输出点
上盖检测	I0.0	下料电动机取件	Q0.0
托盘检测	I0.1	下料电动机放件	Q0.1
内限位	I0.2	工作指示灯	Q0.2

续表

输入设备名称	PLC 输入点	输出设备名称	PLC 输出点
外限位	I0.3	直流电磁吸铁	Q0.3
手动/自动按钮	I2.0	传送电动机	Q0.4
启动按钮	I2.1	报警输出	Q0.7
停止按钮	I2.2		
急停按钮	I2.3		

5. 加盖单元程序

加盖单元程序如图 3-19 所示。

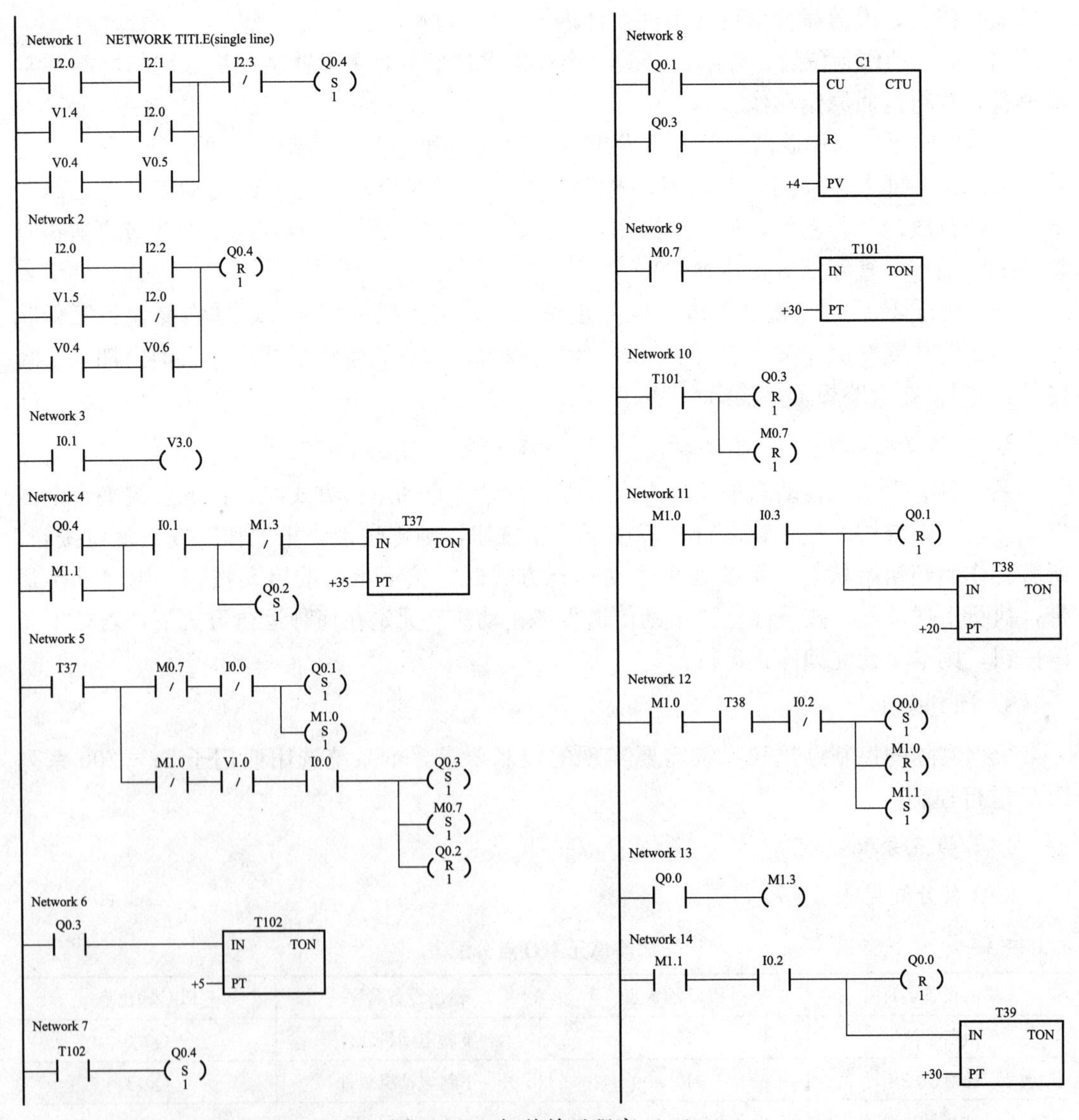

图 3-19　加盖单元程序（一）

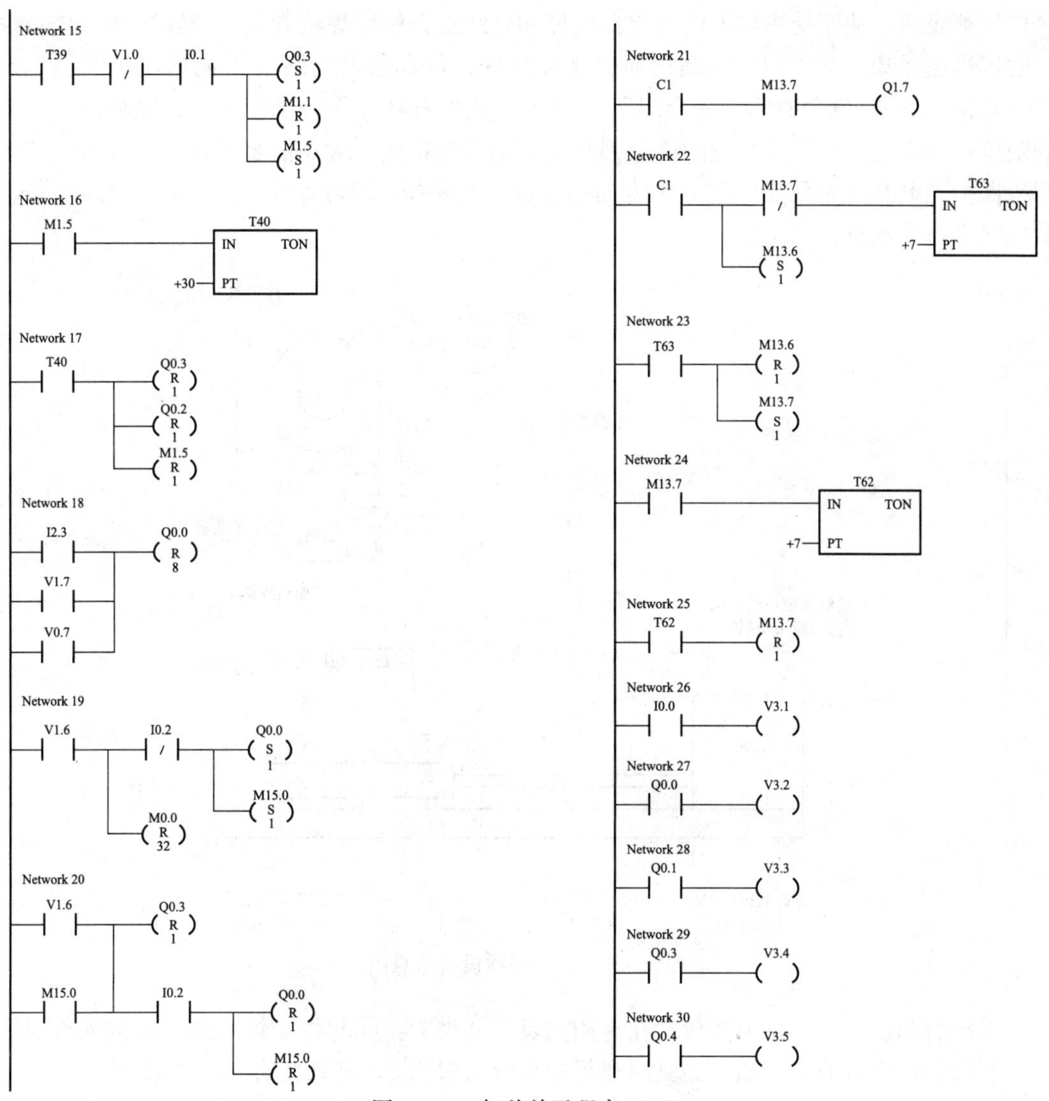

图 3－19　加盖单元程序（二）

3.9　PLC在自动焊接线中的应用

3.9.1　自动焊接线控制系统的控制要求

该设备是为焊接车间提高生产效率、促进生产自动化和减轻劳动强度而研发的一台专用半自动焊接设备。它采用自动控制，焊接周期在15s以下，用于焊接汽车平台汽油泵的导线。

本控制系统针对以交流伺服电动机、步进电动机和高频加热器为主体的汽油泵自动焊线设备进行设计。该设备的控制目标是在一个控制周期内，自动地将人工预置于油泵线槽中的导线准确、快速、牢固、安全地焊接到线槽上。

高频加热器作为主要加热器件，调整使其加热线圈位于焊枪的正下方，焊丝送出后可以顺利穿过加热线圈。步进电动机通过专门机械送丝机构送出焊丝，使其垂直通过高频加热器加热线圈，从而受热均匀地融化在线槽和导线上，然后焊枪升起，线圈断电，由空气将融焊迅速冷却。交流伺服电动机通过驱动丝杆，负责加工工件 X 方向的进给和精确定位。它使用 SMC 气动阀驱动安全门和焊枪 Y 方向的升降动作。当工件定位完成后，激光测距仪可以通过对激光反射量的读数判断导线是否被正确预置在油泵线槽上。X 方向三个行程保护光电开关为系统提供了 X 方向的定位依据和基本的行程保护。图 3-20 所示是自动焊线设备的示意图。

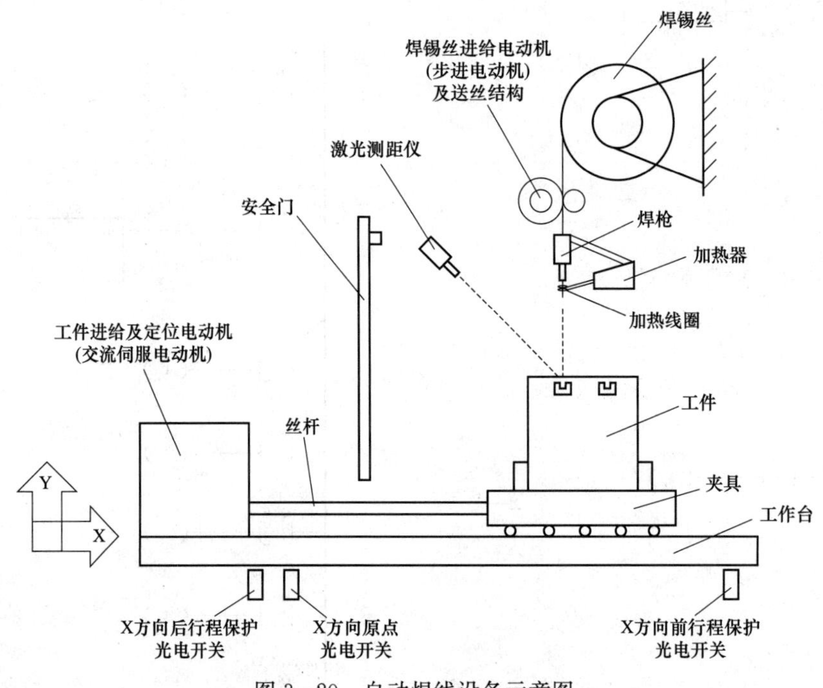

图 3-20　自动焊线设备示意图

系统启动前，人工将工件放置在专用夹具内并夹紧，同时将需焊接的线材嵌入油泵线槽内。联动程序启动前，如果夹具原点标志位没有置为 1，则系统会自动寻找 X 方向原点后将原点标志位置 1，而后，联动程序启动，由交流伺服电动机按照预先设定的步数通过驱动丝杆，将工件快速地推入正常焊接位置。

工件焊接前，系统可以根据激光测距器自动判断导线是否安装到位，若有导线漏装、错装的情况，则系统将工件退出并报警要求重装导线；焊接过程中基本无烟，加热时间短，如有特殊焊接情况，则焊接时可以先将安全门放下，将操作人员和正在焊接工件隔离；焊接完成后，系统可以自动检测焊丝情况，如焊丝用完，则系统发出警报要求更换；同时，为了提高劳动生产效率，一个焊接周期小于 15s，整套系统能长时间无故障运行。经过长时间焊接实验显示，产品焊点饱满，有光泽，无虚焊、漏焊情况。

焊接过程是一个比较负责的过程，影响焊接的因素有很多，除了加热功率、加热时间、送回丝量、送回丝速度，对焊件线槽预加热时间的影响外，环境温度，焊丝型号（焊丝含松香量，含锡量）都对焊接质量有着重要的影响。同时，为了节省场地，适应批量生产需要，提高设备利用率和发挥最大经济效益，还要求该设备能焊接多种型号的汽/柴油泵导线。因此，各焊接参数都能在触摸屏上独立调节，并且能够将这些焊接存储在 PLC

内存中，方便随时切换焊接不同型号的油泵。

该系统由三菱 FX1N－40MT PLC 和三菱 A970 GOT 触摸屏构成了控制系统。

3.9.2 自动焊接线控制系统的 PLC 选型和资源配置

系统核心控制部件为 PLC 和 GOT。根据对 I/O 口数量的大致估算，PLC 选用了三菱 FX1N－40MT PLC，该 PLC 可以在 Y0 和 Y1 输出口独立输出两路最高可达 20kHz 的脉冲信号，而不用额外添加 10GM/20GM 或 1PG 等定位模块，从而降低了成本。系统中有两个 100W 电动机，其中三菱 HC－KFS13 交流伺服电动机由 MR－J2S－10A 伺服放大器驱动，连接丝杆，负责工件 X 轴方向的移动和精确定位；×××步进电动机驱动专用机械送丝机构送/回焊锡丝，保证焊接时焊丝量的精确使用。另外，系统中有 4 个光电开光，其中两个作为工件 X 方向行程保护；一个作为 X 方向原点用于对夹具 X 方向的初始化定位；最后一个装于焊锡丝滚筒下方，当焊锡丝从滚筒送出时，滚筒会带动一个圆形光栅转动，光电开关照射这个转动的圆形光栅便会使光电开关送出脉冲信号给 PLC，表示当前滚筒有焊丝送出。KEYENCE LV11S 激光测距仪将激光照射于线槽导线上用于测量导线是否由人工安装或是否安装正确。同时，用 PLC 开关量控制 4 个 SMC 电磁阀开闭，用于对安全门、焊枪的 Y 反向升降操作进行控制。4 个 SMC 气缸行程开关，检测安全门和焊枪的上下极限位置，在手动运行过程中，为了避免工件的误动作而导致工件与安全门、焊枪碰撞使连接丝杆的交流伺服电动机发生故障，要求工件在手动 X 方向前后运行时，安全门和焊枪必须在最高位置；而在自动运行过程中，为分步运行提供步运行结束标志。

在控制系统中，PLC 与 GOT 通过专用信号电缆连接来传递数据，可以直接改变 PLC 内部软元件。PLC 的 Y0 和 Y1 输出口输出两路脉冲，分别控制交流伺服电动机进行 X 方向定位和步进电动机的送/回焊丝。交流伺服电动机和步进电动机的方向也由 PLC 输出端控制。光电开关、气缸行程开关以及其他信号接入 PLC 的输入端。系统连接如图 3－21 所示。PLC I/O 接线图如图 3－22 所示。

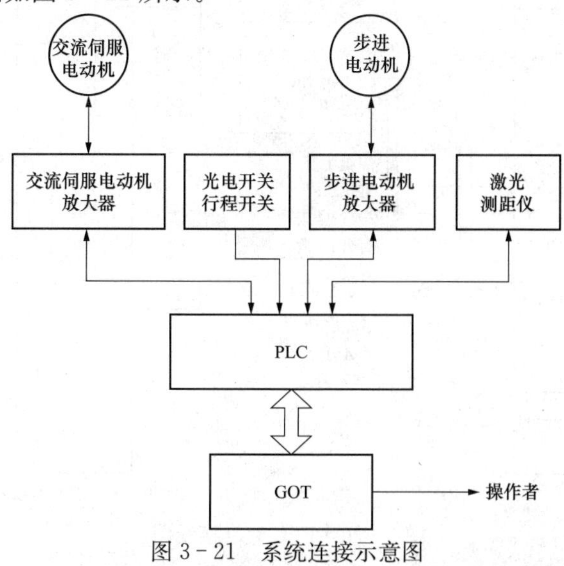

图 3－21 系统连接示意图

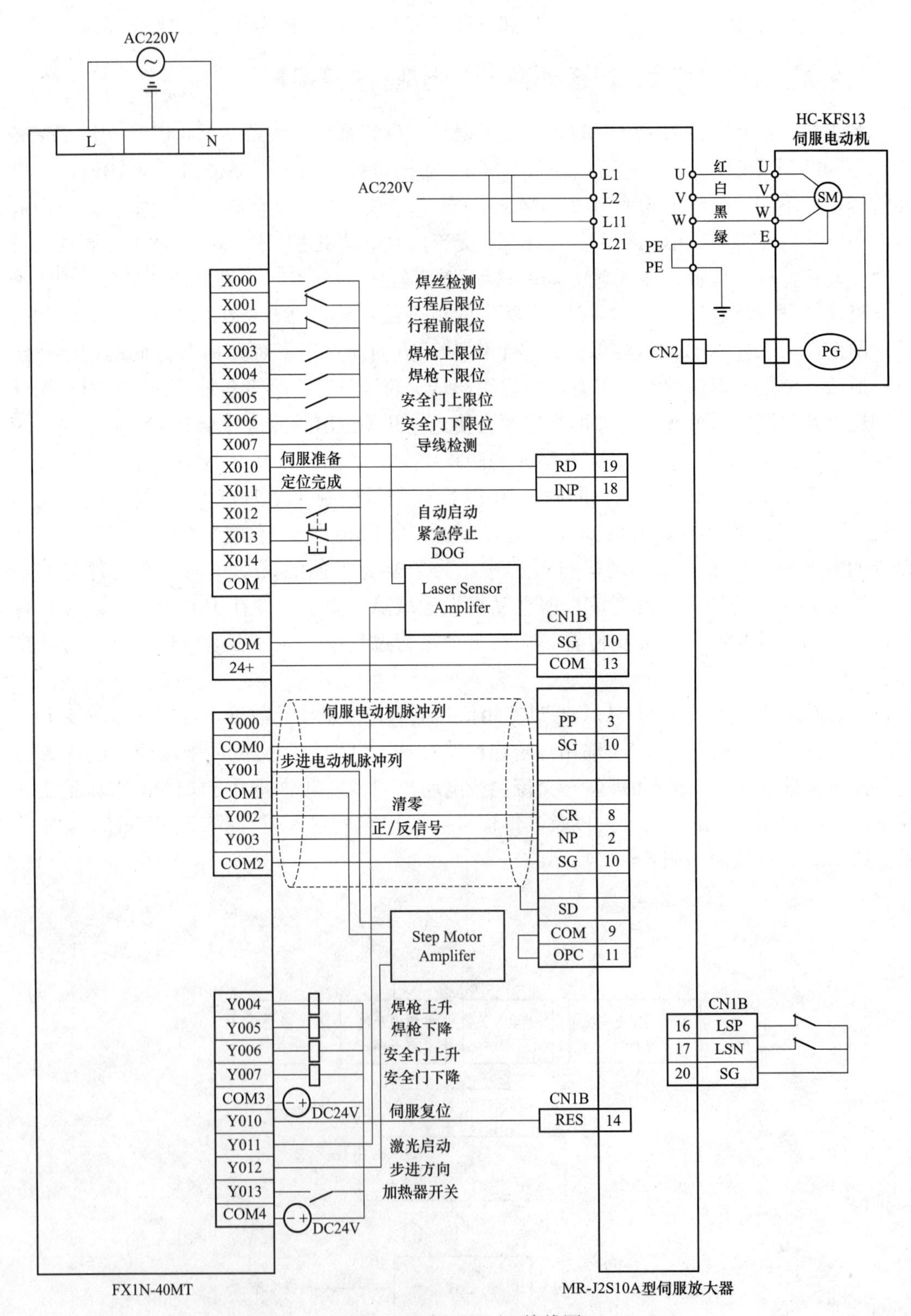

图 3－22　PLC I/O 接线图

3.9.3　自动焊接线灯控制系统程序设计

本系统PLC控制软件主体部分分为三部分，即手动操作部分、自动操作部分和手动/自动共同部分，使用内部软元件M21开关的动合和动断开关分别指示手动和自动程序，同时，手动部分、自动部分程序使用MC N*，MCR N*命令隔离，如图3-23所示。

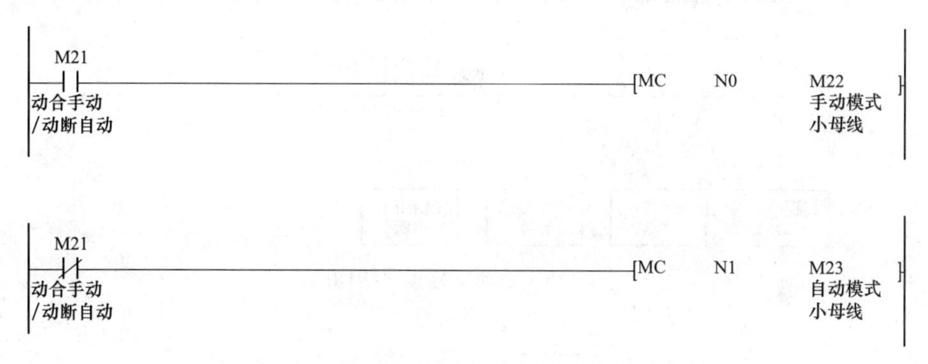

图3-23　使用MC命令隔离不同小母线

自动、手动模式转换时，会发出相应脉冲，将一系列关联于自动/手动操作的独占标志位置位或归零，如图3-24所示。

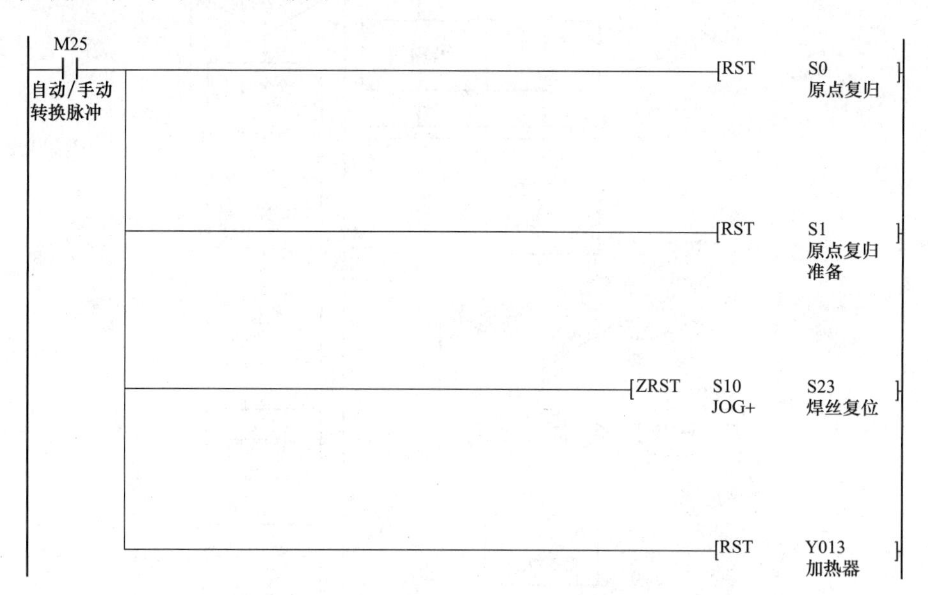

图3-24　自动/手动功能转换脉冲的使用

手动部分提供了各种操作的手动功能，包括X方向的进/退点动；安全门、焊枪Y方向升/降的手动；X方向工件定位的手动操作；手动原点复位；激光测距仪激光手动开关等。程序均使用STL步进指令来进行这些操作。手动部分的程序结构如图3-25所示。

自动操作部分提供了两种功能，即工件原点复位和自动焊线。在自动焊线程序中，全部使用STL步进指令功能块。自动程序流程图如图3-26所示。焊接程序如图3-27所示。

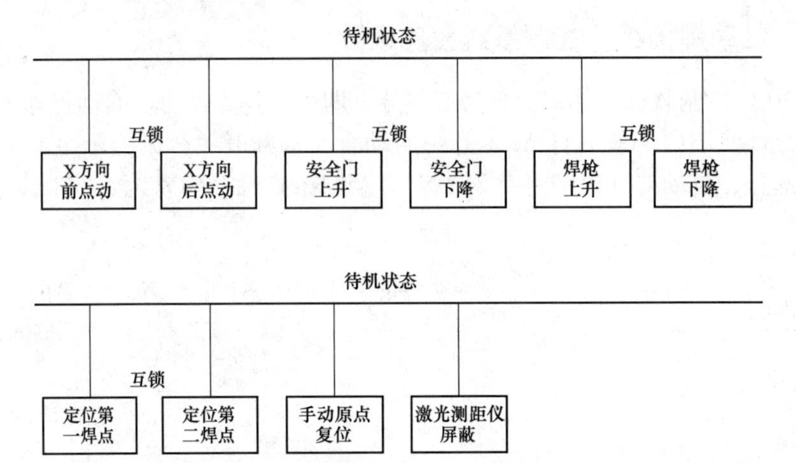

图 3-25　手动部分程序结构图

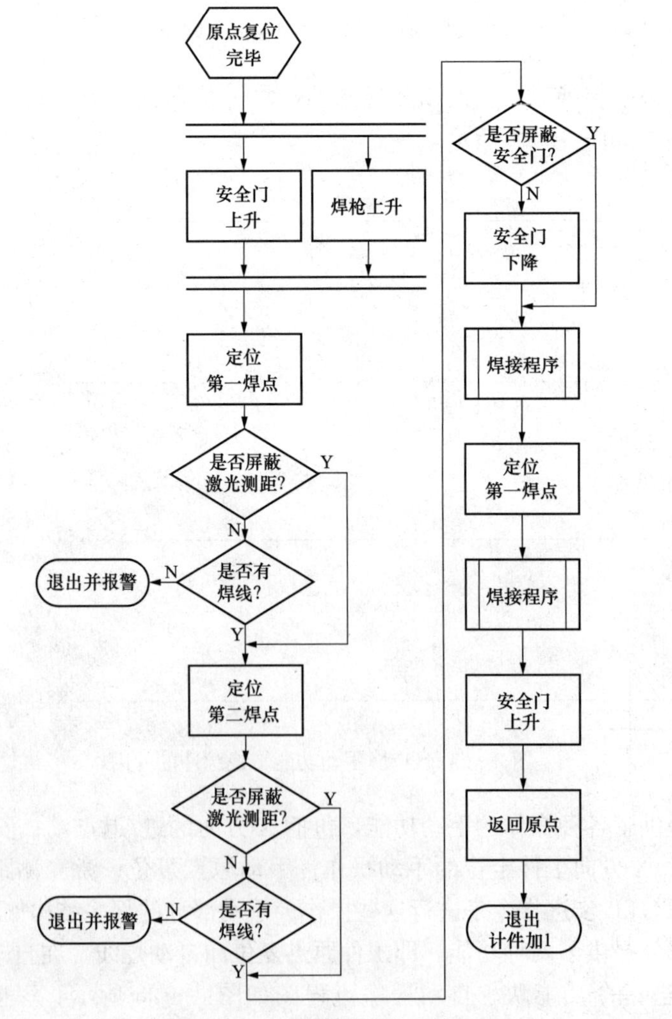

图 3-26　自动焊线程序流程图

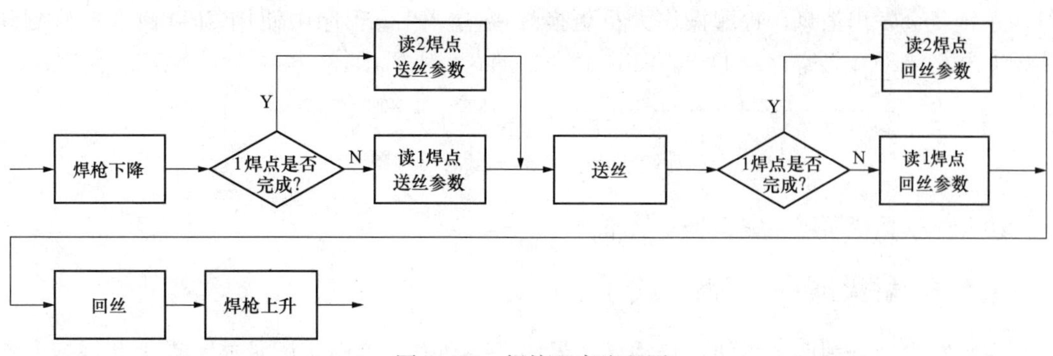

图 3-27 焊接程序流程图

手动/自动共同部分包括了初始化程序、紧急停止、各标志位置位复位、报警功能以及指示灯显示等共同功能。由于初始化程序和紧急停止等程序的操作使用率较低，一般都只在系统初始上电，或者在特殊情况下使用，因此为了尽量减少 PLC 系统的循环扫描时间，增加运行效率，一般都将这些功能做成中断子程序进行调用，使系统的运行效率更高。程序如图 3-28 所示。

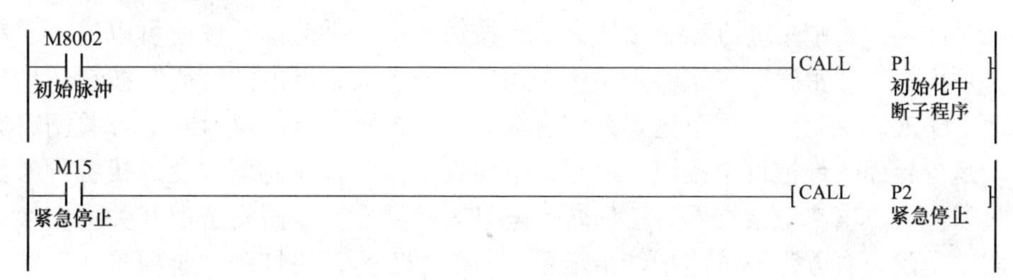

图 3-28 中断子程序的调用

DDRVI 相对定位指令，根据对不同参数寄存器的设置，可以加入加/减速脉冲输出功能，如图 3-29 所示。

该使用了圆盘型光栅作为焊锡丝检测装置。装置结构如图 3-30 所示。

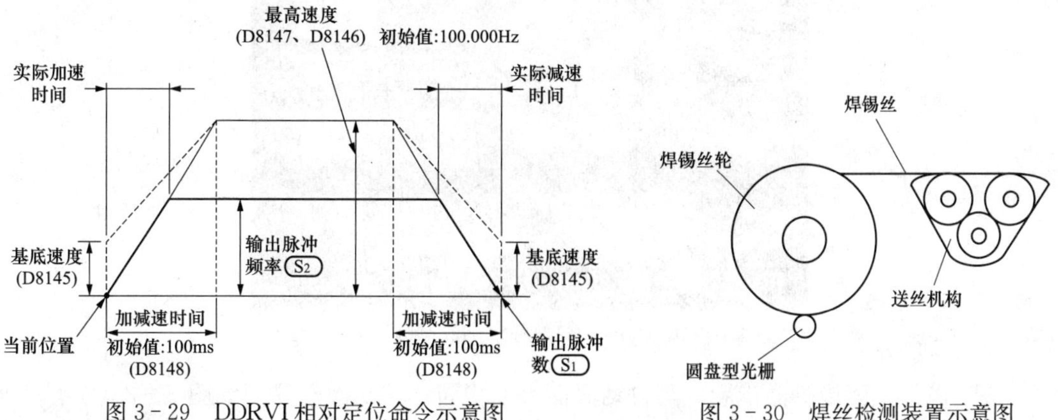

图 3-29 DDRVI 相对定位命令示意图

图 3-30 焊丝检测装置示意图

将光电开关光束通过圆盘型光栅。当焊锡丝轮有焊锡丝时，送丝装置就会带动焊锡丝轮旋转，使光电开关发出一定频率的脉冲。当光电开关发出频率为零时，说明焊锡丝已用尽，系统就会发出消息，提醒操作人员更换焊锡丝。PLC 程序中使用 SPD 命令来检测脉冲频率并将结果存入寄存器 D20。SPD 命令如图 3－31 所示。

```
————————————————[SPD    X000     K100     D20    ]
                       检测焊丝
```

图 3－31　焊丝检测装置示意图

由于本书篇幅所限，完整程序从略。

3.9.4　触摸屏 GOT 程序设计

系统触摸屏分为四个界面：自动操作界面、手动操作界面、记录显示界面和焊接参数调节窗口。

自动操作界面提供了各传感器指示灯显示功能，可以让操作者了解当前各传感器的工作状态。同时，界面还提供了相应的控制按钮对系统进行操控。自动操作界面如图 3－32 所示。左上角为系统状态指示灯，显示系统当前的工作状态，停止时为红色，其他运行状态为绿色。左边第二个显示当前加工模块代号。中间左方为八个传感器指示灯，绿色代表指示传感器无信号，红色代表指示传感器有信号。左下角为完成工件数指示器，可用下方的清零按钮清零。正中央上方三个按钮为运行按钮。按下手动调试按钮可以进入手动调试界面，必须用先按“密码”按钮输入正确密码后才能进入。点击“密码”按钮，出现密码输入界面，输入完成后按下回车键，系统有输入成功提示。点击窗口左上方关闭窗口按钮回到自动运行界面。焊枪设定按钮可以呼出按钮设定窗口，在此可改变焊接各种参数，以及使焊丝复位。点击“记录查看”按钮转入记录查看界面。点击安全门开关可切换焊接时是否关闭安全门，右方为安全门功能指示器。下部左方为警报灯和“警报确认”按钮。有警报时警报灯闪烁。中央为“加热器开关”和指示灯，点击“加热器开关”切换加热器通断状态。右方为紧急停止开关。

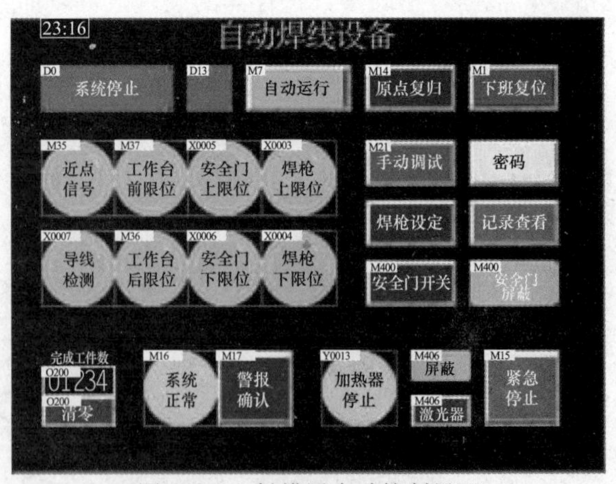

图 3－32　触摸屏自动控制界面

手动操作界面传感器指示灯与自动界面大致相同。手动操作界面如图 3－33 所示。进入手动调试界面后，左方八个指示灯与自动界面八个指示灯的功能和定义完全相同。下方指示灯和按钮与自动运行界面完全一样。中央上方按钮为手动调试按钮。中央中部为焊丝复位设定指示器和按钮（在焊枪设定窗口中详述）。右方“自动运行”按钮用于切换到自动运行界面，“记录查看”用于切换到记录查看界面。中下部为原点至一焊点距离，和两焊点之间距离。

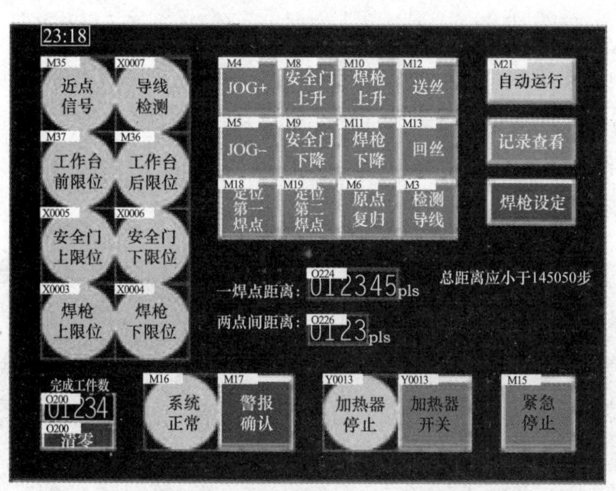

图 3-33　触摸屏手动控制界面

记录显示界面主要显示上电以后所有的报警记录，报警记录可以详细显示警报发生和确认的时间，已确认的记录可以通过屏幕上的按钮删除。记录界面如图 3-34 所示。当系统处于不正常状态时，警报灯闪烁，此时，系统自动紧急停止。只有在按下警报确认按钮，或进入记录查看界面后，警报才能复位。若按下警报复位按钮后警报仍然没有复位，请迅速关断电源。点击“记录查看”按钮，就可以进入记录查看界面。正中央为记录列表。用手点击各个消息会弹出相应的注释窗口。点击“显示光标”会出现操作光标，点击“删除光标”会删除操作光标。点击“上移”“下移”按钮可以移动操作光标。当光标移动到相应位置时，点击“确认”按钮，可以确认该条信息。确认后记录为绿色，未确认记录为红色。确认后的记录可以用“删除记录”按钮删除。点击“返回”按钮后，即可返回以前的界面。

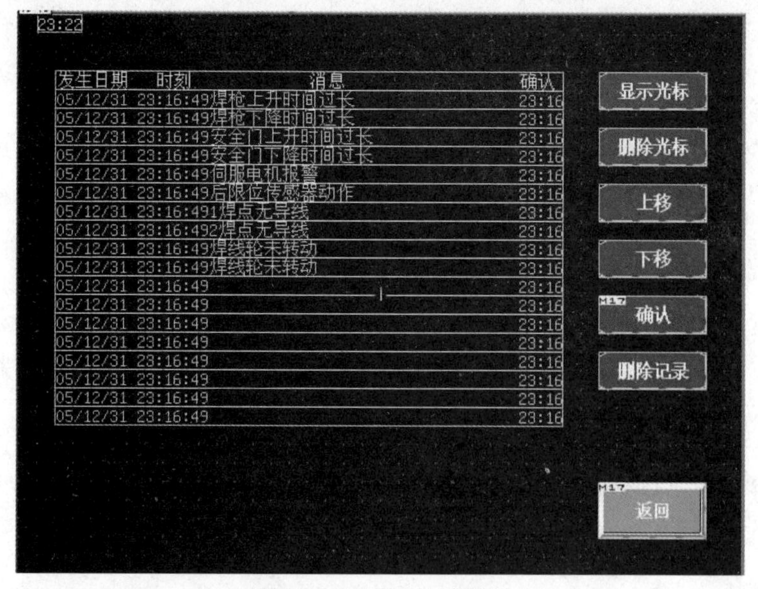

图 3-34　记录显示界面

在自动和手动界面都可以呼出焊接参数调节窗口，对焊接各参数进行调节。参数调节界面如图 3-35 所示。程序一共设置了五套参数记录空间，只要改变参数后点击“存入”按钮，改变的参数就会存入当前参数空间，方便设备进入工厂后进行调试。焊枪设定有 15 个数值输入窗口，可以直接点击数字进行输入。送丝、回丝速度分两挡可调。送丝、回丝速度可以在 1～10kHz 自由设定。当重新装入焊丝时，在系统停止运行的状态下，点击“焊丝复位”按钮，焊丝自动伸出。复位长度可调，在 1～9999999 步自由设定。焊丝复位送丝电动机固定工作在 6.5kHz。

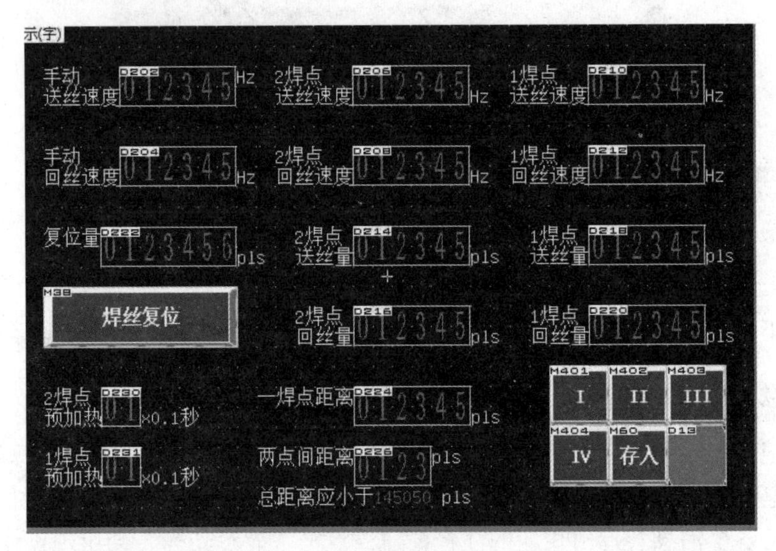

图 3-35　参数调整界面

3.9.5　开机调试

在对焊线设备进行自动控制系统设计后，其工作过程大致如下。

(1) 开机准备：系统上电；GOT 初始化后显示欢迎画面；PLC 内部运行初始化程序，各标志位复位，准备进入自动运行界面；交流伺服放大器进行初始化，将交流伺服电动机当前状态信号发向 PLC。

(2) 原点定位：若上电后，报警指示灯正常没有显示，则点击自动运行界面的“自动运行”或者“原点复位”按钮，系统会自动进行原点定位，升起安全门和焊枪。原点定位后，再次点击“原点复位”按钮，系统不进行任何操作。

(3) 自动焊线：将工件放入夹具夹好，将导线装入线槽后，点击屏幕上的“自动运行”按钮，就可以进行自动焊线过程。焊接好后，只需人工更换未焊工件并将导线卡入线槽，即可进行下一次焊接。运行时，若有紧急情况发生，则可以马上点击“紧急停止”按钮，停止系统运行。

(4) 手动调试：若需要进行手动调试，则需点击“密码”按钮输入密码之后，即可进入手动界面进行手动调试。

第4章 课程设计要求、设计方法及参考题选

4.1 概述

要能胜任电气控制系统的设计工作，按要求完成好设计任务，仅仅掌握电气设计的基础知识是不够的，还必须经过反复实践，深入生产现场，不断积累经验。课程设计正是为这一目的而安排的一个实践性教学环节，它是一项初步的工程训练。通过集中1～2周时间的设计工作，了解一般电气控制系统的设计要求、设计内容和设计方法。课程设计题目不要太大，尽可能取自于生产中实用的电气控制装置。

本章主要讨论课程设计应达到的目的、要求，设计内容、深度及应完成的工作量，并通过实例介绍，进一步说明课程设计的设计步骤。

本章还收集了较多的设计参考题，可以作为课程设计练习题，直接供设计者自由选取。命题结合生产需要，具有真实感。设计中应严格要求，力求做到图纸资料规范化。

电气设计包含原理设计与工艺设计两个方面，不能忽视任何一面，在目前尤其需要重视工艺设计。由于初次从事设计工作，工艺设计要求不能过高，不能面面俱到。设计工作量、说明书等要求与毕业设计应有较大的区别，电气控制课程设计属于练习性质，不强调设计结果直接用于生产，各人的工艺设计，只要求完成其中一部分内容即可。

课程设计原则上应做到一人一题和自由选题。在几个人共选一个课题的情况下，各人的设计要求及工艺设计内容及绘图种类应有所区别。要强调独立完成，以学生自身的独立工作为主，教师指导帮助为辅。在设计过程中，适当组织针对性参观，并配以多种形式有助于开拓设计思路的讲座。

4.2 课程设计的目的和要求

课程设计的主要目的是通过某一生产设备的电气控制系统的设计实践，了解一般电气控制设计过程、设计要求、应完成的工作内容和具体设计方法。通过设计也有助于复习、巩固以往学习的内容，从而达到灵活应用的目的。电气设计必须满足生产设备和生产工艺要求，因此，设计之前必须了解设备的用途、结构、操作要求和工艺过程，在此过程中培养从事设计工作的整体观念。

课程设计应强调以能力培养为主，在独立完成设计任务的同时要注意多方面能力的培养与提高，主要包括以下几方面。

（1）独立工作能力和创造力。

（2）综合运用专业及基础知识，解决实际工程技术问题的能力。

（3）查阅图书资料、产品手册和各种工具书的能力。

（4）工程绘图能力。

（5）写技术报告和编制技术资料的能力。

在课程设计教学中，应以学生为主体，充分发挥自己的自主性和创造精神，教师的指导作用主要是体现在工作方法和思维方法的引导上。

为保证顺利完成设计任务，提出以下要求。

（1）在接受设计任务并选定课题后，应根据设计要求和应完成的设计内容，拟定设计任务书和工作进度计划，确定各阶段应完成的工作量，妥善安排时间。

（2）在方案确定过程中（是最重要一环）应主动提出问题，以取得指导教师的帮助，在此阶段提倡广泛讨论，做到思路开阔，依据充分。在具体设计过程中，要求多想、少问，主要参数的确定要经过计算论证。

（3）所有电气图纸的绘制必须符合国家有关标准的规定，包括线条、图形符号、项目代号、回路标号、技术要求、标题栏、元件明细表以至图纸的折叠和装订。

（4）说明书要求文字通顺、简练、字迹端正，整洁。

（5）应在规定时间内完成所有的设计任务。

（6）在条件允许的情况下，对自己的设计线路进行试验论证，考虑进一步改进的可能。

4.3 课程设计任务、工作量与设计方法

4.3.1 设计任务书

课程设计要求以设计任务书的形式表达，由设计者自己拟定。设计任务书应包含以下内容：

（1）设备的名称、用途、基本构造、动作原理以及工艺过程的简单介绍。

（2）拖动方式、运动部件的动作顺序、各动作要求和控制要求。

（3）连锁、保护要求。

（4）照明、指示、报警等辅助要求。

（5）应绘制的图纸。

（6）说明书要求。

原理设计的中心任务是绘制电气原理图和选用电器元件。工艺设计的目的是为了得到电气设备制造过程中需要的施工图纸，其类型数量有很多，设计中主要以电气设备总体配置图、电器板元件布置图、接线图、控制面板布置图、接线图、电气箱以及主要加工零件，如电器安装底板、控制表板等为练习对象。对于每位设计者来说，只要求完成其中一部分即可。原理图及工艺图纸均应按要求绘制，元件布置图应标注总体尺寸、安装尺寸和相对位置尺寸。接线图的编号应与原理图一致，要标明组件所有进出线编号、配线规格、进出线的接线方式（采用端子板或接插件）。

4.3.2 设计方法及步骤

在接到设计任务书后，依原理设计和工艺设计两部分分别进行设计。

1. 原理图设计的步骤

(1) 根据要求拟定设计任务。

(2) 根据拖动要求设计主电路。在绘制主电路时，可从以下几方面来考虑。

1) 每台电动机的控制方式，应根据其容量及拖动负载性质考虑其启动要求，选择适当的启动线路。一般小容量（7kW 以下）启动负载不大时，可直接启动，大容量电动机应考虑采用降压启动方式进行启动。

2) 根据运动要求决定转向控制。

3) 根据各台电动机的工作情况，决定是否需要设置过载保护或过电流控制措施。

4) 根据拖动负载及工艺要求决定停车时是否需要制动控制，并决定采用何种制动方式。

5) 设置短路保护及其他必要的电气保护。

6) 考虑其他特殊要求：调速要求，主电路参数测量、信号检测等。

(3) 根据主电路的控制要求设计控制回路，其设计方法如下。

1) 正确选择控制电路的电压种类及大小。

2) 根据每台电动机的启动、运行、调速、制动及保护要求，依次绘制各控制环节（选择适当的基本单元控制线路）。

3) 设置必要的连锁（包括同一台电动机各动作之间以及各台电动机之间的动作连锁）。

4) 设置短路保护以及设计任务中要求的位置保护（如极限位、越位、相对位置等保护）、电压保护、电流保护和各种物理量保护（温度、压力、流量等）。

5) 根据拖动要求，设计特殊要求控制环节，如自动抬刀、变速与自动循环、工艺参数测量等控制。

6) 按需要设置应急操作。

(4) 根据照明，指示、报警等要求设计辅助电路。

(5) 总体检查，修改、补充与完善。主要包括以下内容。

1) 校核各种动作控制是否满足要求，是否有矛盾或遗漏。

2) 检查接触器，继电器、主令电器的触头使用是否合理，是否超过电器元件允许的数量。

3) 检查连锁要求能否实现。

4) 检查各种保护是否完善。

5) 检查发生误操作所引起的后果与防范措施。

(6) 进行必要的参数计算。

(7) 正确、合理地选择各电器元件，按规定格式编制元件目录表。

(8) 根据完善后的设计草图，按 GB 6088《电气制图》的标准绘制电气原理线路图，并按 GB 5094《电气技术中的项目代号》的要求标注器件的项目代号，按 GB 4884—85《绝缘导线的标记》的要求对线路进行统一编号。

2. 工艺设计步骤

(1) 根据电气设备的总体配置及电器元件的分布状况和操作要求划分电器组件，绘制电气控制系统的总装配图和总接线图。

(2) 根据电器元件的型号、外形尺寸、安装尺寸，绘制每一组件的元器件布置图（如电器安装板、控制面板、电源、放大器等）。

(3) 根据元件布置图及电气原理编号绘制组件接线图，统计组件进出线的数量，编号以及各组件之间的连接方式。

(4) 绘制并修改工艺设计草图后，便可按机械、电气制图要求绘制工程图纸。最后依设计过程和设计结果编写设计说明书及使用说明书。

以上简单介绍了原理设计与工艺设计的步骤，其中每一步的设计要求与具体内容可以参阅相关书籍，各种图纸的设计过程和绘制要求也可以参考设计举例，这里不再重复。

4.4 课程设计举例

设计题目： 电镀车间专用行车可编程序控制系统设计。

4.4.1 设计任务

1. 专用设备基本情况介绍

该设备是某厂电镀车间为提高工效、促进生产自动化和减轻劳动强度而提出制造的一台专用半自动起吊设备。它采用远距离控制，起吊重量在500kg以下。起吊物品是待进行电镀及表面处理的各种产品零件。根据工艺要求，专用行车的结构与动作流程如图4－1所示。

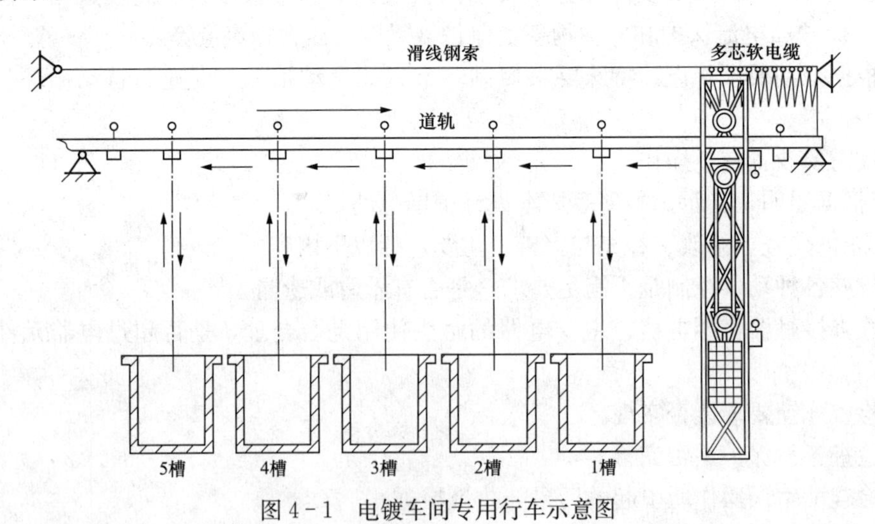

图4－1　电镀车间专用行车示意图

在电镀生产线一侧，工人将待加工零件装入吊篮，并发出信号，专用行车便提升并自动逐段前进，按工艺要求在需要停留的槽位停止，并自动下降，停留一定时间（各槽停留时间预先按工艺调定）后自动提升，如此完成电镀工艺规定的每一道工序，直至生产线的末端自动返回原位，卸下处理好的零件后，重新装料发出信号进入下一加工循环。

对于不同零件，其镀层要求和工艺过程是不相同的。为了节省场地，适应批量生产需要，提高设备利用率和发挥最大经济效益，该设备还要求可编程序控制系统能针对不同工艺流程（如镀锌、镀铬、镀镍等）有程序预选和修改能力。

设备机械结构与普通小型行车结构类似，跨度较小，但要求准确停位，以便吊篮能准确进入电镀槽内。工作时，除具有自动控制的大车移动（前/后）与吊物（上/下）运动外，还有调整吊篮位置的小车运动（左/右）。

生产线上镀槽的数量，由用户综合各种电镀工艺的需要提出要求，电镀种类越多，则槽数也越多。为简化设计过程，本设计暂定5个电镀槽，停留时间由用户根据工艺要求进行确定。

2. 拖动情况介绍

专用行车的小车、大车及升降运动均采用三相交流异步电动机（JO_2－12－4型0.8kW、1.99A、1410r/min，380V）分散拖动，并采用一级机械减速。

3. 设计要求

(1) 控制装置具有程序预选功能（按电镀工艺确定需要停留工位），一旦程序选定，除上、下装卸零件外，整个电镀工艺应能自动进行。

(2) 前后运动和升降运动要求准确停位。前后、升降及左右运动之间有连锁作用。

(3) 采用远距离控制，整机电源及各动作要有相应指示。

(4) 应有极限位置保护和其他必要的电气保护措施。

(5) 绘制电气原理图、选择电器元件、编制元件目录表。

(6) 绘制总接线图、电器板布置图与接线图、控制面板布置图与接线图等工艺图纸。

(7) 编制设计使用说明书。

4.4.2　设计过程

1. 总体方案选择说明

(1) 行车的左右、前后及上下运动分别由电动机M1、M2、M3拖动，并通过正、反转控制实现两个方向的移动。

(2) 进退与升降运动停止时，采用能耗制动，以保证准确停位。平移中，升降电动机M3采用电磁抱闸制动，以保证安全。

(3) 位置控制指令信号，由固定于轨道一侧的限位开关发出，并用调节挡铁的方法，来保证吊篮与镀槽相对位置的准确性。

(4) 制动时间与各槽停留时间由PLC定时器控制。

(5) 采用串入或短接位置指令信号的方法，实现程序可调功能。

(6) M2、M3为自动控制连续运转，采用热继电器实现过载保护，左右移动为调整运动，短时工作无过载保护。

(7) 采用带指示灯的控制按钮，以显示设备运动状态。

(8) 主电路及控制电路采用熔断器实现短路保护功能，采用限位开关实现三方向的位置保护。

(9) 电气控制箱置于专门的操作室。电器板与控制板之间，以及电控箱与执行系统之间的连接采用接线板进出线方式。

2. 电气控制原理设计

(1) 主电路设计。

1) 由接触器 KM1、KM2、KM3、KM4 及 KM5、KM6 分别控制电动机 M1、M2、M3 的正、反转。

2) M2、M3 由热继电器 FR1、FR2 实现过载保护，Ml 电动机为点动短时工作，因此不设置过载保护。

3) 由 FU1 实现短路保护，并由隔离开关 QS 作为电源控制。

4) 为保证准确停位，并考虑到进退与升降运动由同一型号电动机拖动，且不会同时工作（相互有连锁作用）所以，停车时可以采用同一个直流电源实现能耗制动。直流电源可以采用低压交流电源经单相桥式整流得到。

能耗制动回路中设有单独的短路保护，由 FU2、FU4 实现。

5) 考虑到升降运动吊有一定的重量，因此在行车平移中，需设置电磁铁抱闸制动控制。三相电磁铁 YA 与 M3 并联，当 M3 得电时，YA 工作，松开刹车允许升降运动。M3 失电时，YA 释放，抱闸刹车，使吊篮稳定停留在空中，能安全地前后平移。

根据以上设计原则便可以绘制出如图 4－2 所示的主要电路。

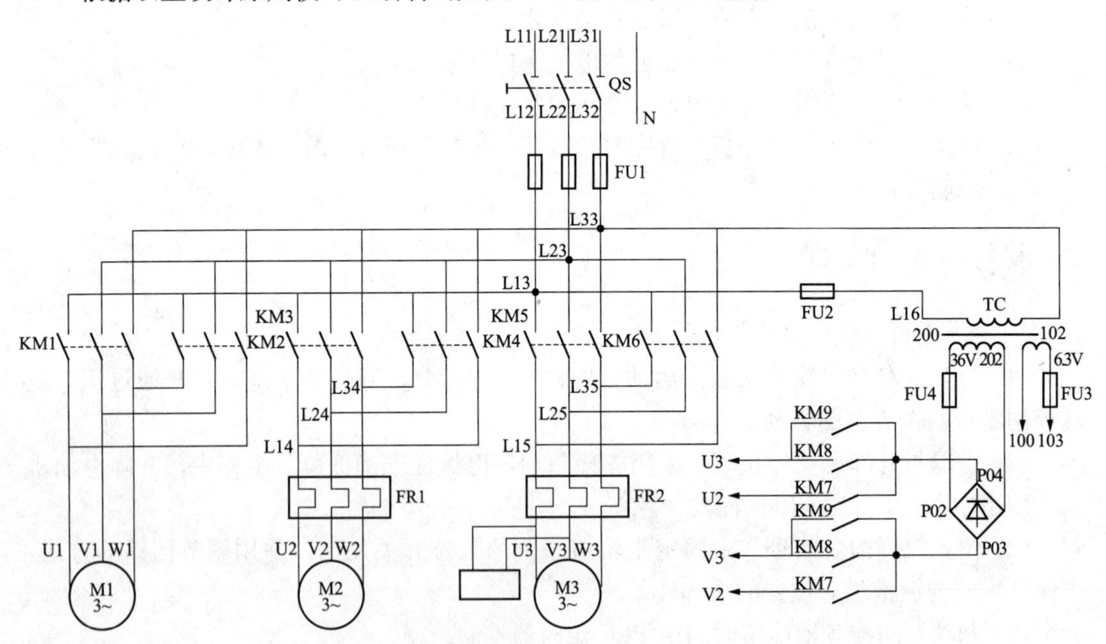

图 4－2　电镀专用行车控制线路的主电路

(2) PLC I/O 接线图。根据统计出的 I/O 点数再加上 15％至 20％的备用量，选择 FX_{2N}－80MR 型 PLC。PLC 的 I/O 接线图如图 4－3 所示。

根据 PLC 的硬接线图得到的 PLC I/O 分配表见表 4－1。

(3) 主要参数计算。

1) FU1 熔体额定电流。

$$I_{RN} \geqslant \frac{7I_N}{2.5} = \frac{7\times 1.99\text{A}}{2.5} = 5.6\text{A}$$

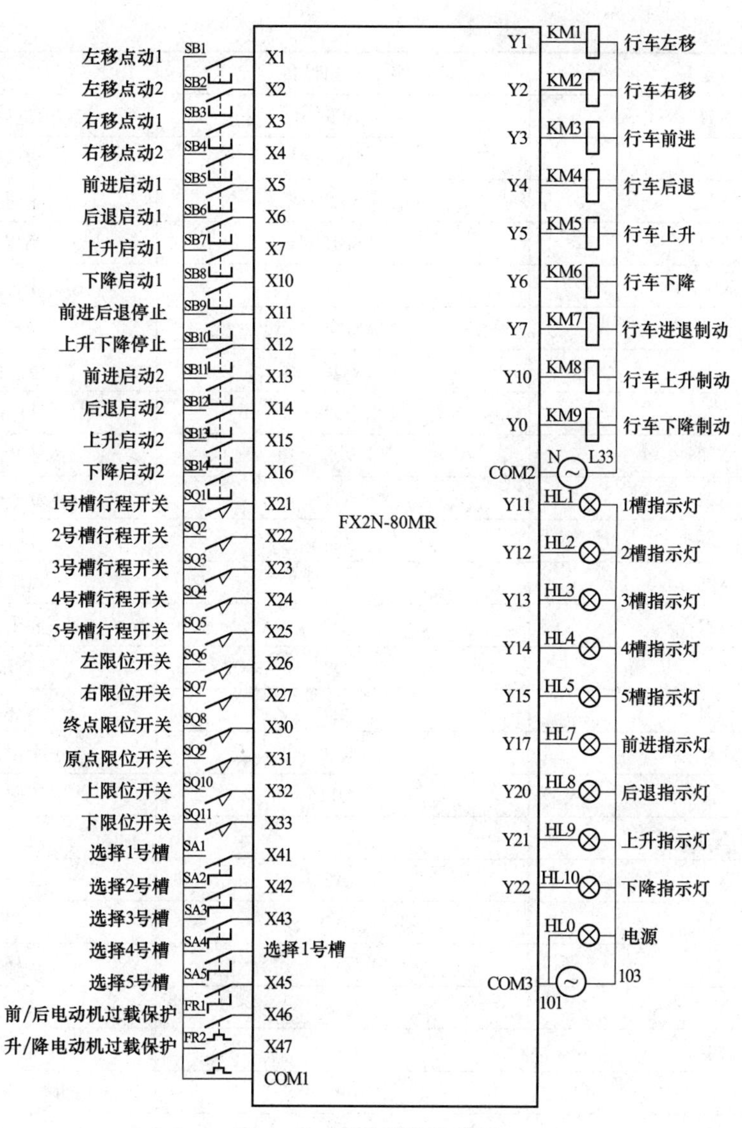

图 4－3　PLC I/O 接线图

表 4－1　　PLC I/O 分配表

I/O 编号	输入输出设备	说明
X1	SB1	左移点动 1
X2	SB2	左移点动 2
X3	SB3	右移点动 1
X4	SB4	右移点动 2
X5	SB5	前进启动 1
X6	SB6	后退启动 1
X7	SB7	上升启动 1
X10	SB8	下降启动 1

续表

I/O 编号	输入输出设备	说明
X11	SB9	前进后退停止
X12	SB10	上升下降停止
X13	SB11	前进启动 2
X14	SB12	后退启动 2
X154	SB13	上升启动 2
X16	SB14	下降启动 2
X21	SQ1	1 号槽行程开关
X22	SQ2	2 号槽行程开关
X23	SQ3	3 号槽行程开关
X24	SQ4	4 号槽行程开关
X25	SQ5	5 号槽行程开关
X26	SQ6	左限位开关
X27	SQ7	右限位开关
X30	SQ8	终点限位开关
X31	SQ9	原点限位开关
X32	SQ10	上限位开关
X33	SQ11	下限位开关
X41	SA1	选择 1 号槽
X42	SA2	选择 2 号槽
X43	SA3	选择 3 号槽
X44	SA4	选择 4 号槽
X45	SA5	选择 5 号槽
X46	FR1	前/后电动机过载保护
X47	FR2	升/降电动机过载保护
Y1	KM1	行车左移
Y2	KM2	行车右移
Y3	KM3	行车前进
Y4	KM4	行车后退
Y5	KM5	行车上升
Y6	KM6	行车下降
Y7	KM7	行车进退能耗制动
Y10	KM8	行车上升能耗制动
Y0	KM9	行车下降能耗制动
Y11	HL1	1 槽指示灯
Y12	HL2	2 槽指示灯

续表

I/O编号	输入输出设备	说明
Y13	HL3	3槽指示灯
Y14	HL4	4槽指示灯
Y15	HL5	5槽指示灯
Y176	HL7	前进指示灯
Y2017	HL8	后退指示灯
Y210	HL9	上升指示灯
Y22	HL10	下降指示灯

选用 $I_{RN}=6A$，其余熔体额定电流选用2A。

2）能耗制动参数计算。

制动电流 $I_D=1.5I_N=3A$。

直流电压 $U_D=I_DR=30V$（式中 R 为定子两相电阻，约为10Ω，实测或查有关手册）。

整流变压器二次侧交流电流 $I_2=3A/0.9=3.33A$，电压 $U_2=30V/0.9=33.3V$。

整流变压器容量 $S=U_2I_2=100VA$，与显示、照明共同选用 BK－100 变压器 220/36V－6.3V。

(4) 选择电器元件。根据对主要参数的计算和主电路中对元器件的估算，对照相应的元器件手册列出的元件目录明细表见表4－2所示。

表4－2　　元件目录明细表

序号	代号	名称	数量	规格型号	备注
1	FU3	熔断器	1	BHC型	熔断总电流2A
2	HL0～HL10	指示灯	10	XD1	6.3V/0.05A
3	SQ3～SQ9	行程开关	7	LXK2－131	
4	SQ1～SQ2	限位开关	2	JLXK1－411	
5	KM1～KM9	接触器	9	CJ10－10 10A/380	
6	SB1～SB2	程序选择按钮	2	LA19－11D	绿色指示灯6.3V
7	QS	电源开关	1	HZ10－10/3	
8	TC	变压器	1	BK－100	
9	VC	整流器	1	QL5A 100V	100V/5A
10	FU1、FU2、FU4、FU5	熔断器	4	RL1－15	I_{RD}熔体额定电流为6A或2A
11	YA	制动电磁铁	1	JC2－380V	配用MLS1－15
12	FR1－FR2	热继电器	2	JR10－20/3 热元件15－21A	整定值2A
13	M1～M3	电动机	3	JO_2－12－4	
14	PLC	可编程序控制器	1	FX_{2N}－80MR	

(5) 软件设计。根据控制过程设计的梯形图如图4－4～图4－6所示。其控制过程如下。

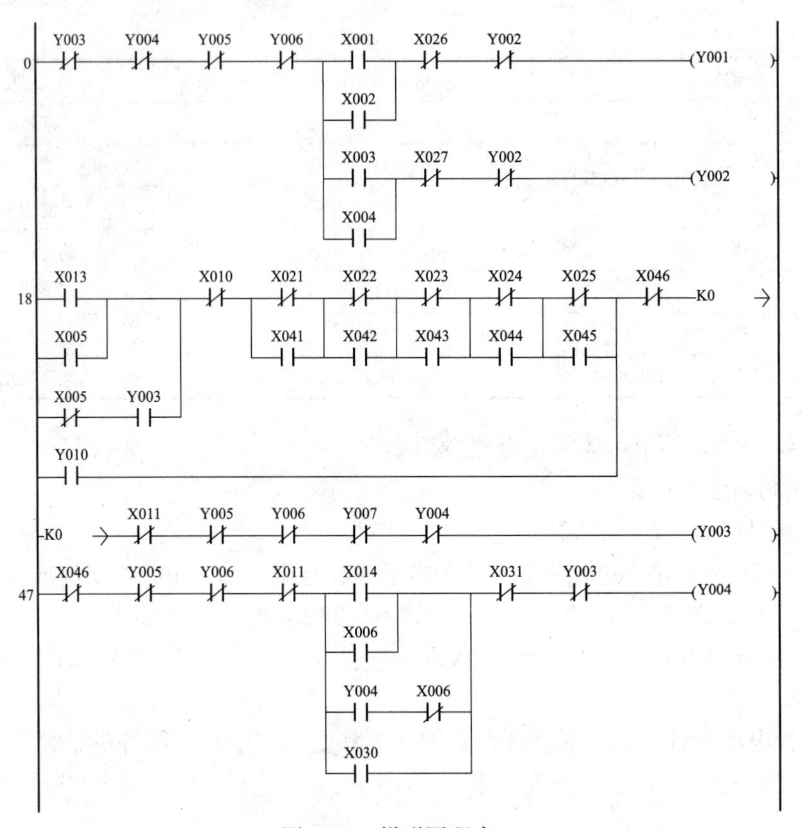

图 4-4 梯形图程序一

1）吊篮的左右移动由 Y1、Y2（KM1、KM2）控制 M1 的正、反转控制。M1 正转左移，反转右移，采用点动控制，两地操作（控制操作台或现场操作）。在吊篮进退与升降运动中，不允许左右移动，故串联 Y3～Y6 动断触头，以实现连锁。左右极限位保护由固定于左右两端的限位开关 SQ6、SQ7（X26、X27）实现。

2）根据电镀工艺要求，行车前进运动与升降运动为自动控制，其控制过程是：按下 SB11（X13）后，Y3（KM3）吸合，行车前进，当运行至需要停留的槽位，如至 1 槽清洗，此时由运动挡铁压下固定于道轨一侧的行程开关 SQ1（X21），X21 动断触点串在 M2 控制回路中。使 Y3 失电，M2 停止旋转，同时由 Y3 动断触点及 X21 动合触点接通前进制动回路，KM7（Y7）、T1 得电，使 M2 制动，行车准确停在 1 槽。制动时间由 T1 调定，停留时间由 T4 调定。若工艺要求 1 槽无需停留，则可以扳动开关 SA1，使得 X41 得电，则行车继续前进。在 M2 制动的同时，由 Y7（KM7）动合触头接通 Y6（KM6），使 M3 的正转，吊篮下降，至下限位，限位开关 SQ11 受压（X33 得电），使 Y6（KM6）失电。同时 X33 常开触头接通下降制动回路，而使其迅速停车。零件在槽内停留时间由时间继电器 T4 自动控制，由 T4 延时闭合触点接通 Y5（KM5），使 M3 反转，吊篮上升。到上极限位压下限开关 SQ10（X32 得电），使 M3 停转。同时 X32 动合触头接通上升制动回路，使 Y10（KM8）和 T2 得电，在制动的同时，由 Y8 动合触头接通行车前进控制回路。如此循环，直至按工艺要求完成零件的电镀过程，行车到达终点，压下 SQ8（X30 得电）自动停止前进，同时由 X30 动合触点接通 Y（KM4）使行车自动回到原位。

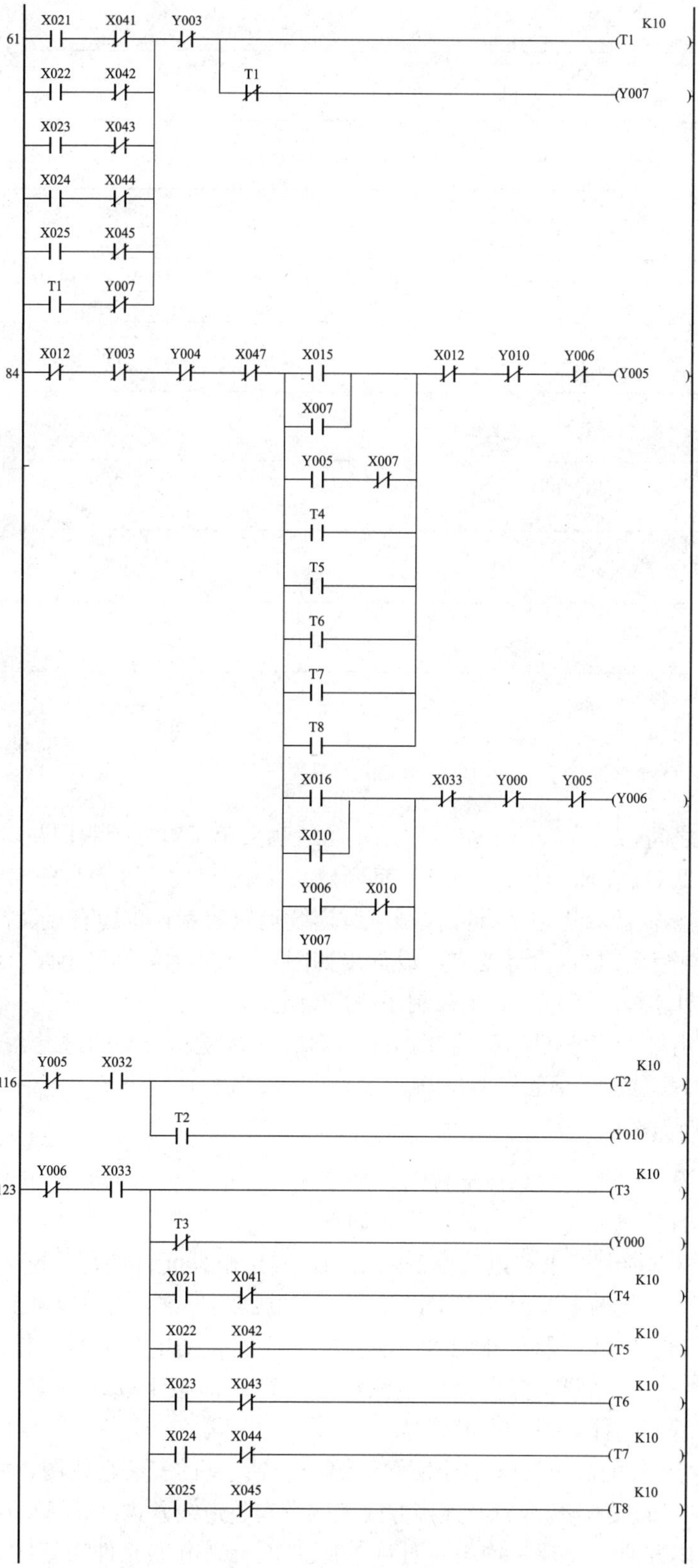

61 X021 X041 Y003 (T1 K10)
X022 X042
X023 X043
X024 X044
X025 X045
T1 Y007
T1 (Y007)

84 X012 Y003 Y004 X047 X015 X012 Y010 Y006 (Y005)
X007
Y005 X007
T4
T5
T6
T7
T8
X016 X033 Y000 Y005 (Y006)
X010
Y006 X010
Y007

116 Y005 X032 (T2 K10)
T2 (Y010)

123 Y006 X033 (T3 K10)
T3 (Y000)
X021 X041 (T4 K10)
X022 X042 (T5 K10)
X023 X043 (T6 K10)
X024 X044 (T7 K10)
X025 X045 (T8 K10)

图 4－5　梯形图程序二

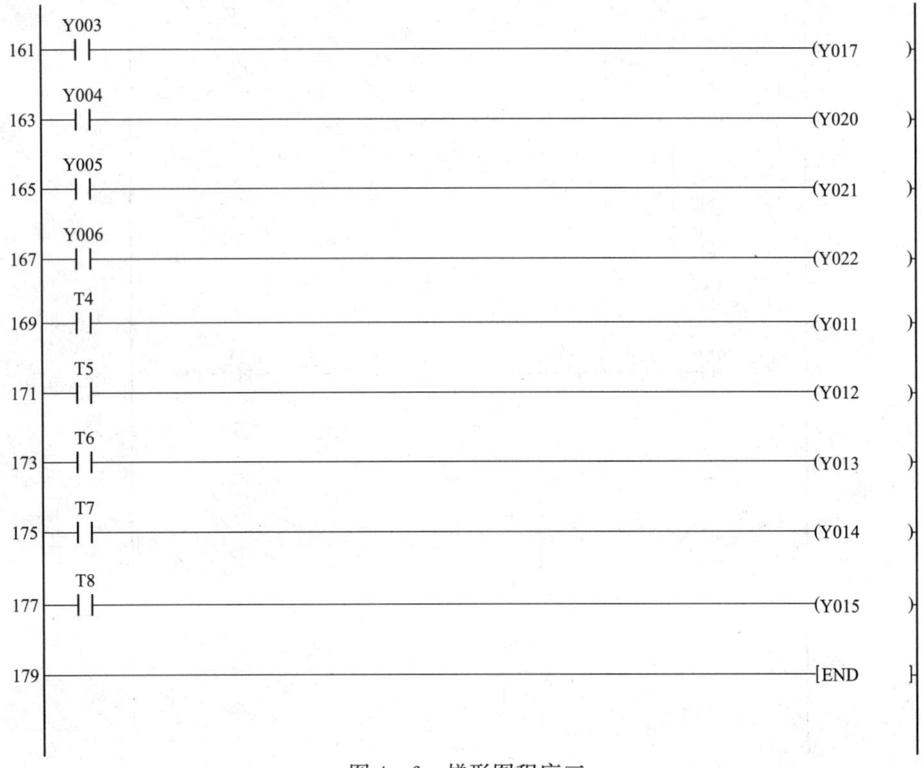

图 4－6　梯形图程序三

进退与升降之间，由 Y3、Y4 及 Y5、Y6 动断触头串于对方控制回路，以实现连锁。

过载保护由 FR1、FR2（X46、X47）动断触头串在 M2、M3 各自的控制回路中实现。

3）因设备调整需要，进退及升降控制应有连续运转控制，也应有点动控制。

4）辅助电路设计：根据设计要求，设计出如图 4－6 所示的辅助电路。结合图 4－3 可知，合上 QS，HL0 指示灯亮，表示控制系统已通电。

生产过程中由灯 HL7～HL10（在 SB11～SB14 中）显示行车的进退、升降运行状态，并由灯 HL1～HL5 显示行车的停留位置。

3. 设计工艺图纸

按设计要求设计电气装置总体配置图、总接线图、电器板电器元件布置图、接线图以及控制面板电器布置图及接线图。设计步骤如下。

（1）首先要根据控制要求和电气设备的结构，确定电器元件的总体配置情况以及电器板与控制面板上应安装的电器元件。本设计中，在电器箱外部，分布于生产线上的电器元件有电动机、制动电磁铁、限位开关等。电器板上应安装的电器元件有熔断器、接触器、可编程序控制器、热断电器、变压器、整流堆等。控制面板上安装的电器元件有电源开关、控制按钮、程序选择开关、指示灯等。

（2）根据电器元件的分布与原理图编号，绘制电气设备的安装接线图，如图 4－7 所示。图中应标明各电气部分的连接线号及连接方式，以及安装走线方式、导线及安装要求等。

（3）根据操作方便、美观、均匀、对称等原则，绘制电器元件布置图，如图 4－8 和图 4－11所示。进出线采用接线端子板过桥。

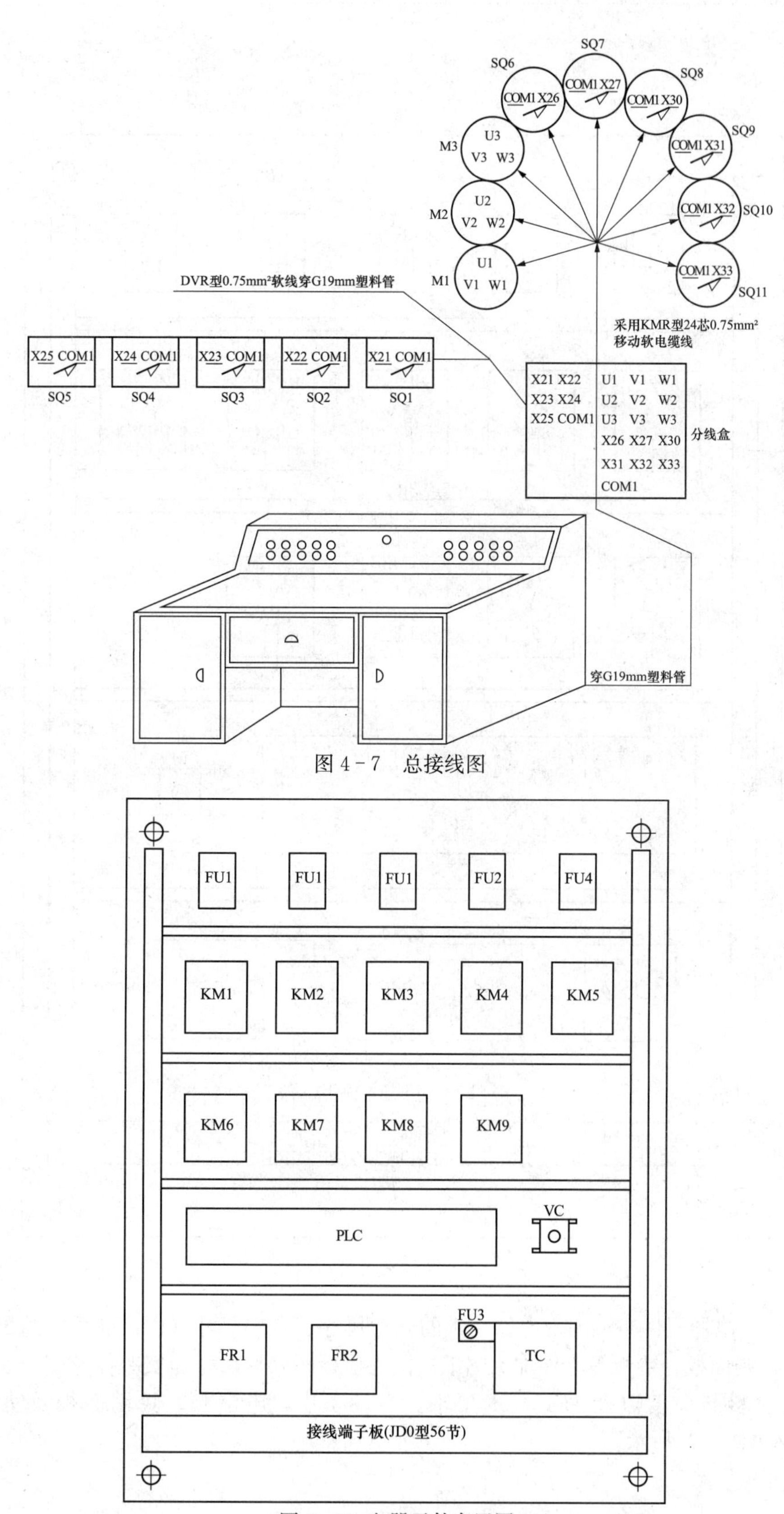

图 4－7　总接线图

图 4－8　电器元件布置图

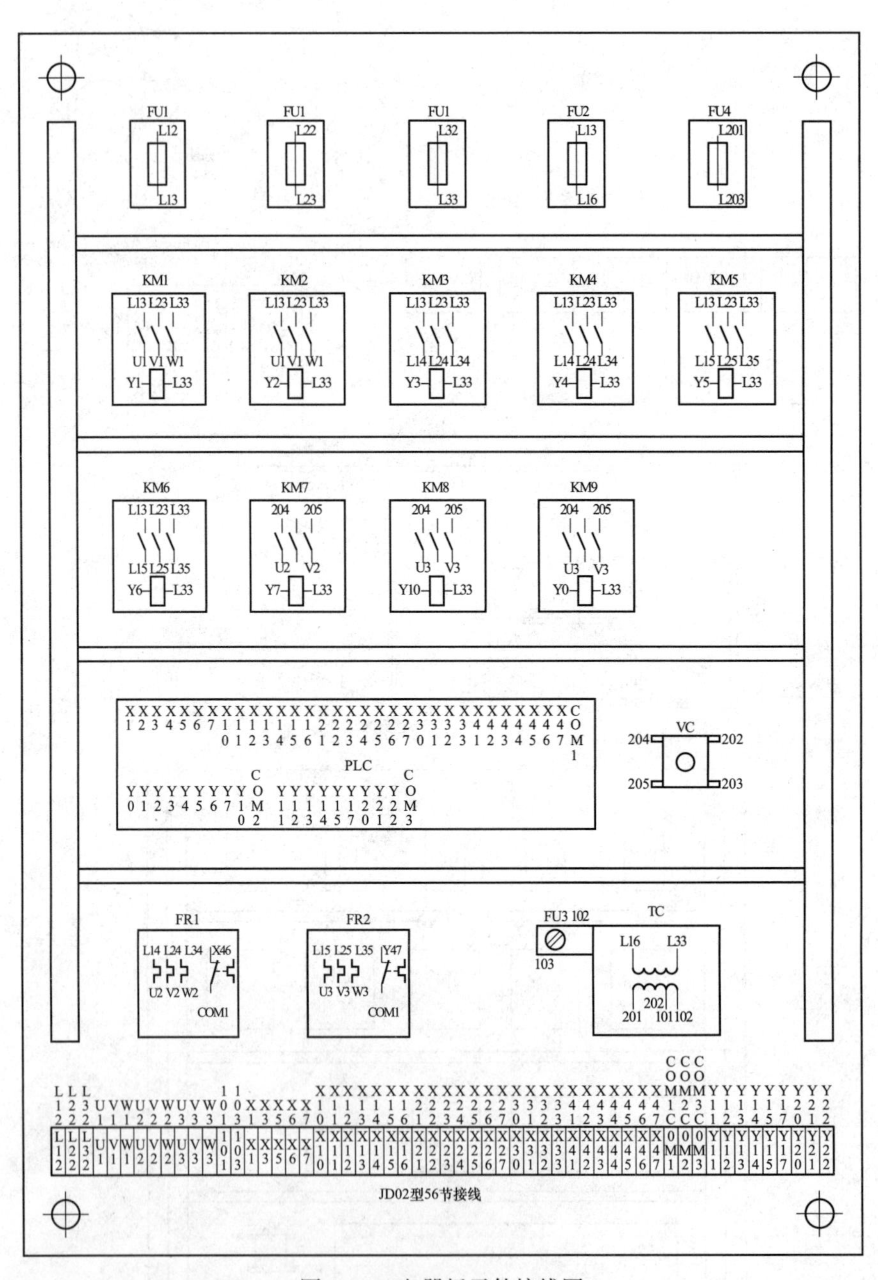

图 4－9　电器板元件接线图

(4) 根据电器元件布置图及电器元件的外形尺寸、安装尺寸（由产品手册给出）绘制电器板、控制面板、垫板等零件加工图纸。图中应标明外形尺寸、安装孔及定位尺寸与公差、板的材料与厚度以及加工技术要求。本设备中，电器板、控制面板及垫板图如图 4－10和图 4－12所示。

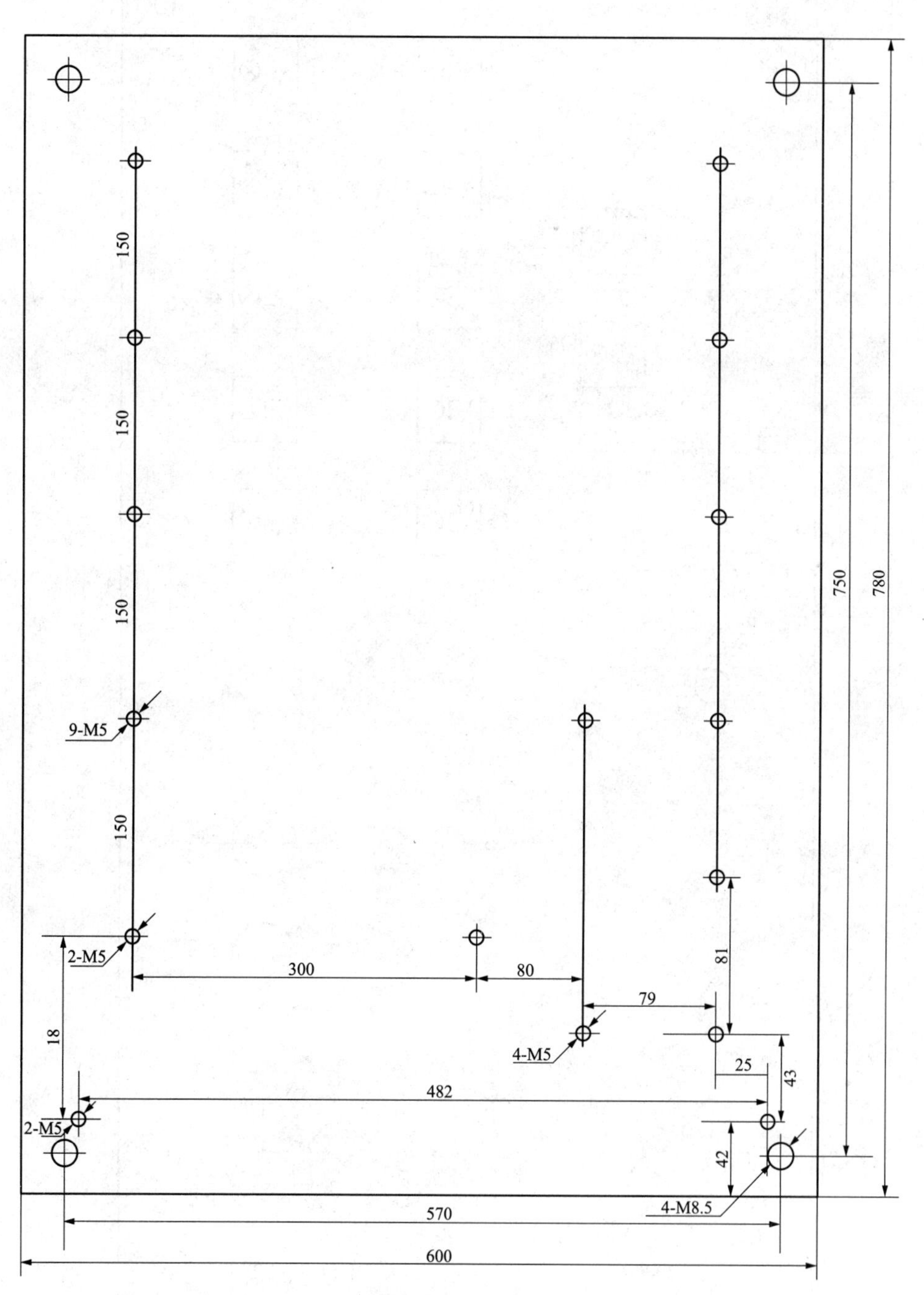
150
150
150
150
9-M5
2-M5
300
80
79
81
4-M5
25
43
18
482
2-M5
42
4-M8.5
750
780
570
600

图 4-10 电器板加工图

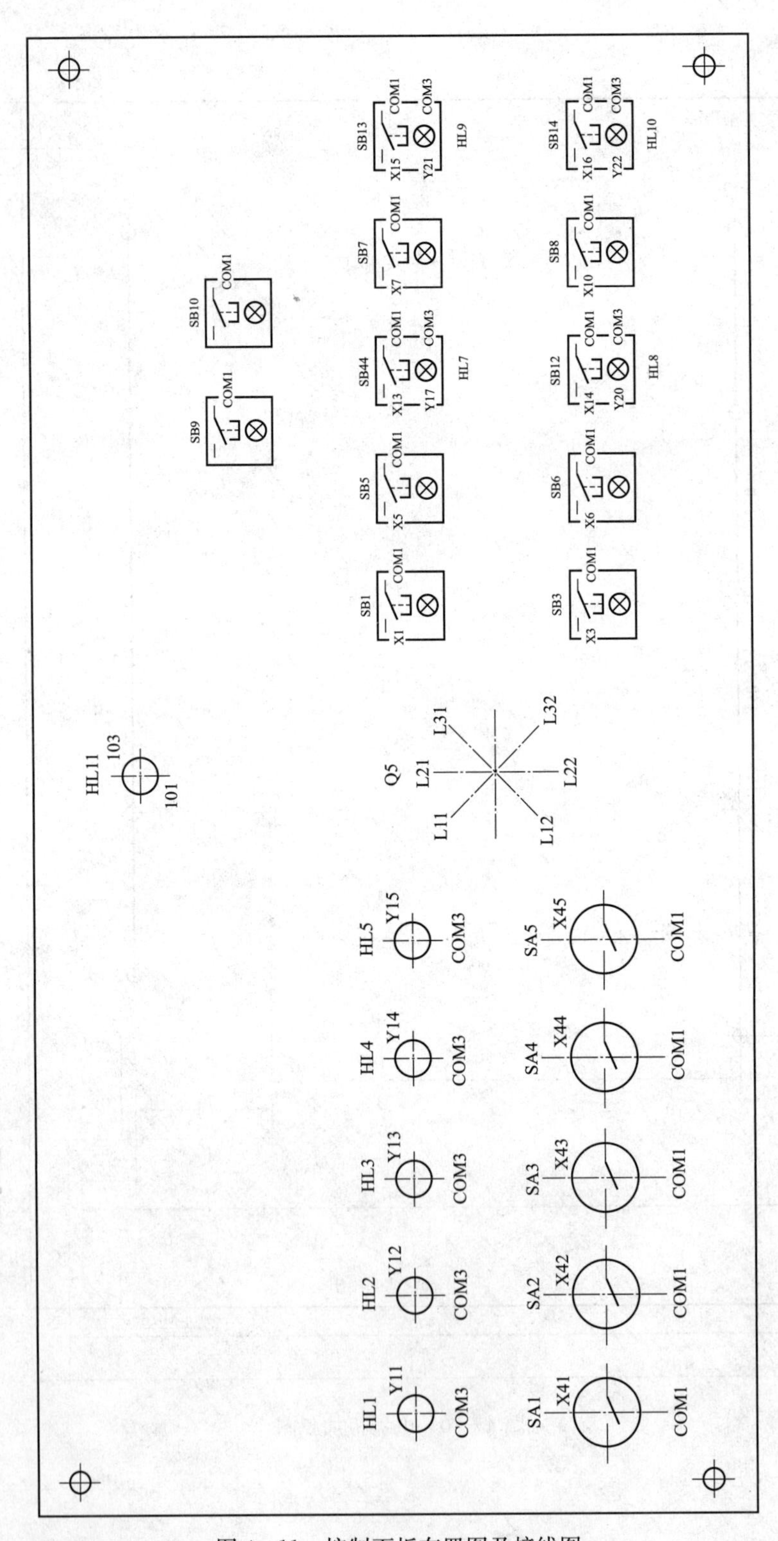

图 4－11　控制面板布置图及接线图

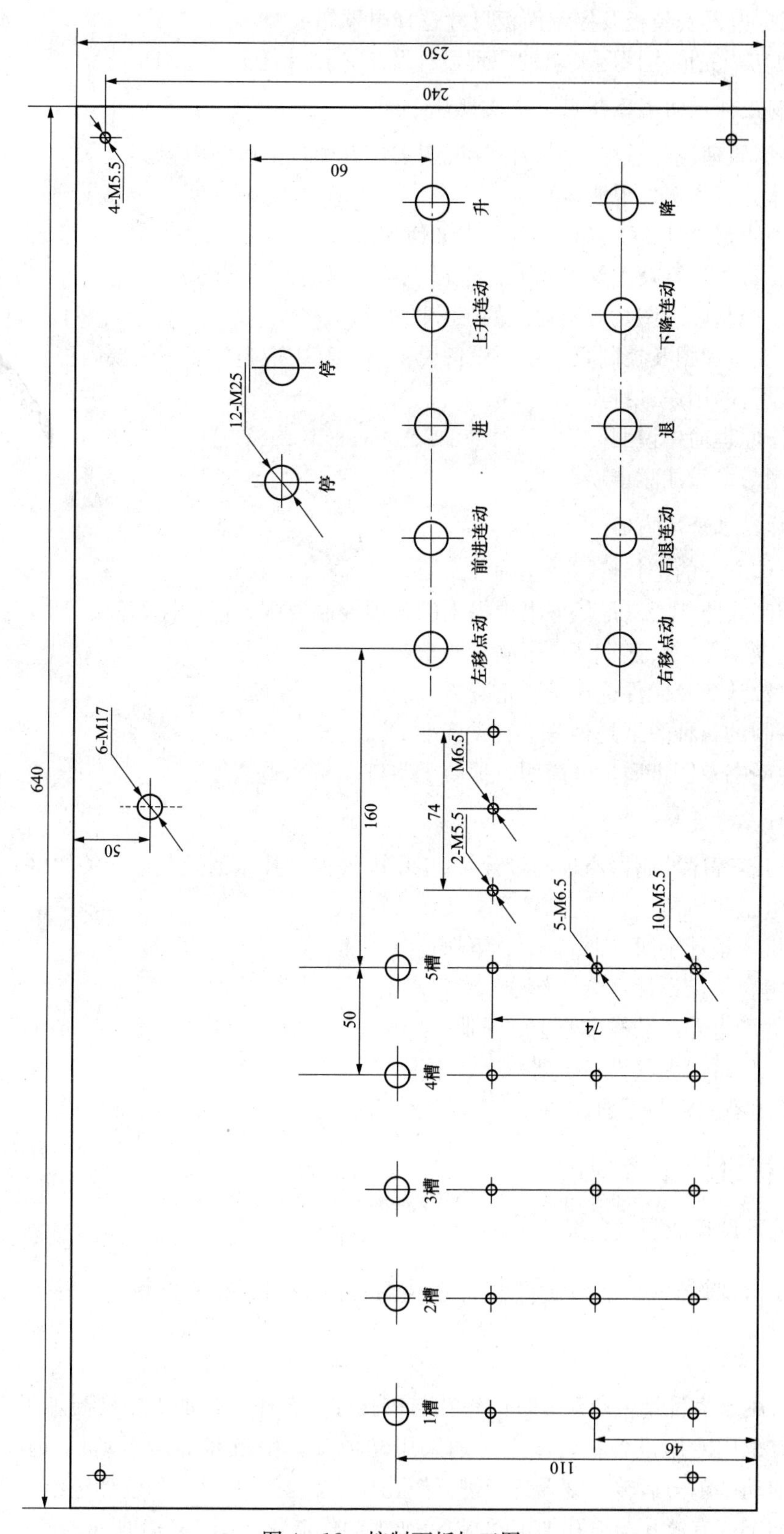

图 4－12　控制面板加工图

(5) 根据电器安装板及控制面板尺寸选择电器箱。

至此便初步完成本课题要求的原理设计及工艺设计任务。

4. 编制设计说明书，使用说明及设计小结

(1) 根据原理设计过程，编写设计说明书，其中包括以下内容。

1) 总体方案的选择说明。

2) 原理线路设计说明（各控制要求如何实现）。

3) 主要参数计算及主要电器元件选择说明，编制元件明细表。

4) 附上控制原理图及规定完成的工艺图纸。

(2) 根据原理图及控制要求编写设备说明书，其中应包括以下主要内容。

1) 本设备的用途、特点。

2) 工作原理简单说明。

3) 使用与维护注意事项。

5. 设计结果评定内容

(1) 总体方案的选择依据及正确性。

(2) 控制线路能否满足任务书中提出的各项控制要求，可靠性如何。

(3) 连锁、保护、显示等是否满足要求。

(4) 参数计算及元件选择是否正确。

(5) 绘制的各种图纸是否符合有关标准。

(6) 说明书及图纸质量（简明、扼要、字迹端正、整洁等）。

6. 设计参考资料

(1)《可编程序控制器原理与设计》《工厂电气控制技术》及其他相关教材。

(2)《电工手册》。

(3)《机床设计手册（5）》上、下册。

(4)《组合机床设计（电气部分）》第三册。

(5)《低压电器产品样本》上、下册。

(6)《工厂常用电气设备手册》上、下册。

(7) 其他有关产品手册。

4.5 课程设计参考题选

推荐以下设计课题供自选。

4.5.1 课题一：专用镗孔机床的可编程序控制系统设计

1. 机床概况

该设备用于大批量生产某零件的镗孔与铰孔加工工序。其加工精度与加工效率的要求均较高，宜采用专用设备。机床主运动采用动力头，由三相异步电动机（JO_2 - 31 - 6，1.5kW）拖动，单向运转。该设备能进行镗孔加工，当更换刀具和改变进给速度时，又能进行铰孔加工（有镗孔与镀孔加工选择），加工动作流程如图 4 - 13 所示。

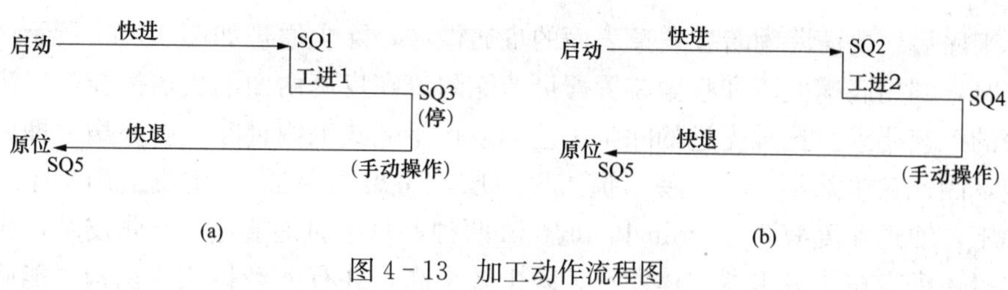

图 4－13　加工动作流程图

(a) 镗孔加工；(b) 铰孔加工

进给系统采用液压控制，为提高工效，进给速度分快进与工进两种且自动变换；液压系统中的油泵拖动电动机为 AO_2－7124（或 6322）型（370W），由电磁阀（YV1～YV4）控制进给速度，其动作要求见表 4－3。

表 4－3　　液压控制动作要求

	YV1	YV2	YV3	YV4
快进	＋	—	—	＋
工进 1（镗孔）	＋	—	—	—
工进 2（绞空）	＋	＋	—	—
停	—	—	—	—
快退	＋	—	＋	—

为提高加工精度，主轴采用静压轴承，由 AO_2－7124（或 6322）型电动机拖动高压油泵产生静压油膜。

2. 设计要求

(1) 主轴为单向运转，停车要求制动（采用能耗制动）。

(2) 主轴电动机与静压电动机的连锁要求是：先开静压电动机，静压建立后（由油压继电器控制）才能起动主轴电动机，而停机时，要求先停主轴电动机，后停静压电动机。

(3) 主轴加工操作，采用两地控制。加工结束自动停止，手动快退至原位。

(4) 根据加工动作流程要求，设置镗孔加工及铰孔加工选择。

(5) 应有照明及工作状态显示。

(6) 有必要的电气保护和连锁。

3. 设计任务

(1) 根据控制要求设计程序及必要的硬件系统。

(2) PLC 选型及 I/O 口分配、电器元件选择。

(3) 绘制梯形图。

(4) 设计并绘制下列工艺图纸中的一种：①元器件配置图、底板加工图；②控制面板布置及接线图、面板加工图；③电气箱图、总接线图。

(5) 编写设计、使用说明书、设计小结及参考资料目录。

4.5.2　课题二：气流除尘机可编程序控制系统设计

1. 气流除尘机概况介绍

(1) 用途及工作原理。气流除尘机是制革业中一种专用于皮革除尘的先进设备。皮革经过磨革工序后，要清除附着在皮革表面的皮屑微粒，除尘原理如图 4 - 14 所示。当皮革通过该机时，利用高速气流和吸尘装置即可清除附着在皮革两面的皮屑微粒，以满足下道喷浆工序的工艺要求。这种先进的除尘工艺，取代了老式毛刷辊除尘的弊病（即由于静电附着效应，因此灰尘除不干净，使下道工序涂层质量难以保证）。本机适用于牛、猪、羊等皮革加工，输送速度有 30m/min 和 46/min 两种，每小时能通过 500 张皮革，生产效率很高。本机还配有布袋滤尘器，体积小，除尘效率高，并有电动抖灰尘机构，能确保操作工人身体健康和防止环境污染。

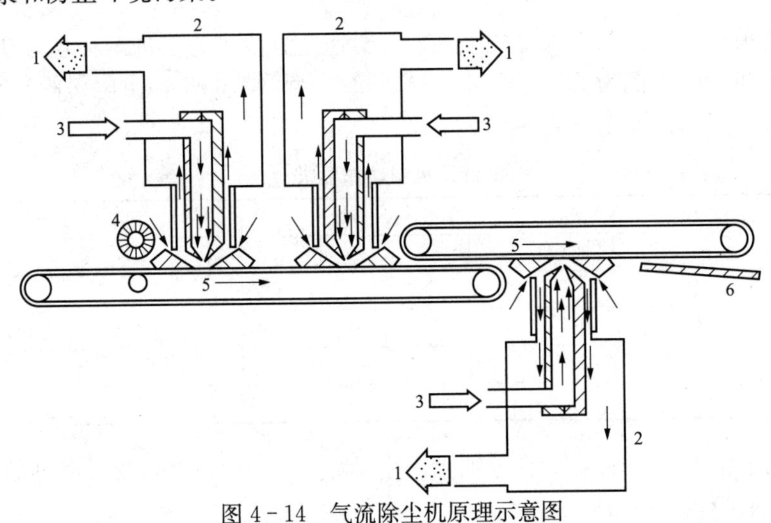

图 4 - 14　气流除尘机原理示意图

1—吸尘器；2—气室；3—进气管；4—传送轮；5—传送带；6—托料板

气流除尘机设有三组气室（见图 4 - 14），两组气室喷气口向下，一组向上。由鼓风机产生的低压清洁空气，以 15m/min 的排气量，经三根直径为 51cm 的管道，通过机内空气过滤器，进入气室，再从狭窄的喷气口（长 1850mm，宽 0.1mm）喷出，形成高压气幕，将附在皮革表面的灰屑吹扬起来，然后灰屑通过吸尘系统（三根直径为 150mm 的吸尘管）经离心风机，进入布袋滤尘器，滤尘后排出清洁气流。

(2) 气流除尘电力拖动方式介绍。皮革传送带有两种传动方式：一种是采用双速异步电动机 JD02 - 32 - 6/4 拖动，以便根据不同类型皮革（如猪皮、牛皮、羊皮等），选择不同的进料速度，另一种是根据需要采用直流电动机无级调速控制。两种拖动方式均采用单向启停控制。

高压气流由 LG15/02 - 08 - 1 罗茨泵产生，其拖动电动机为 15kW、1450r/min 的三相异步电动机单独启停控制，同时由 4 - 62 - 1/4 $\frac{1}{2}$ 离心风机吸尘，离心风机拖动电动机为 JO_3 - 112 - T2（7.5kW）。

布袋滤尘器抖尘电动机采用 JW6324（0.25kW）拖动。按需要，每隔一定时间手动控制抖尘一次（短时工作），大批量生产中也可以用自动定时抖尘控制。

2. 设计要求

(1) 设备投入使用时，必须先启动罗茨泵产生高压气流，然后启动送料、吸尘抖尘电动机。由于罗茨泵拖动电动机容量较大，因此要求采用Y/△降压启动方式进行启动。

（2）能自由选择两种送料速度或无级变速，并能自动记录显示皮件数。

（3）能根据需要启动抖尘电动机或自动定时抖尘，抖尘电动机每次启动工作 1min 后即自动停止。

（4）根据需要设置电气保护。

3. 设计任务

（1）根据控制要求设计程序及必要的硬件系统。

（2）PLC 选型及 I/O 口分配、电器元件选择。

（3）绘制梯形图。

（4）设计并绘制下列工艺图纸中的一种：①元器件配置图、底板加工图；②控制面板布置及接线图、面板加工图；③电气箱图、总接线图。

（5）编写设计、使用说明书、设计小结及参考资料目录。

4.5.3　课题三：千斤顶油缸加工专用机床可编程序控制系统设计

1. 专用机床概况介绍

本机用于专用千斤顶油缸两端面的加工，采用装在动力滑台上的左、右两个动力头同时进行切削。动力头的快进、工进及快退由液压油缸驱动。液压系统采用两位四通电磁阀控制，并用调整死挡铁方法实现位置控制。机床的动作程序如下。

（1）零件定位。人工将零件装入夹具后，定位油缸动作定位以保证零件的加工尺寸。

（2）零件夹紧。零件定位后，延时 15s，夹紧油缸动作使零件固定在夹具内，同时定位油缸退出以保证滑台入位。

（3）滑台入位。滑台带动夹具一起快速进入加工位置。

（4）加工零件。用左右动力头进行两端面切削加工，动力头到达加工终点 30s 后动力头停转，快速退回原位。

（5）滑台复位，左右动力头退回原位后，滑台复位。

（6）夹具松压。当滑台复位后夹具松开，取出零件。

以上油缸各动作由电磁阀控制，电磁阀动作要求见表 4-4。

表 4-4　电磁阀动作要求

	YV1	YV2	YV3	YV4	YV5
定位	+				
夹紧	+	+			
入位		+	+		
工进		+	+	+	+
退位		+	+		
复位		+			
放松					

2. 设计要求

（1）专用机床能半自动循环工作，又能对各个动作单独进行调整。

(2) 只有在油泵工作、油压达到一定压力（由压力继电器控制）后才能进行其他控制。

(3) 各程序应有显示并有照明要求。

(4) 必要的电气连锁与保护。

3. 设计任务

(1) 根据控制要求设计程序及必要的硬件系统。

(2) PLC 选型及 I/O 口分配、电器元件选择。

(3) 绘制梯形图。

(4) 设计并绘制下列工艺图纸中的一种：①元器件配置图、底板加工图；②控制面板布置及接线图、面板加工图；③电气箱图、总接线图。

(5) 编写设计、使用说明书、设计小结及参考资料目录。

4.5.4 课题四：机械手可编程序控制系统设计

1. 机械手结构，动作与控制要求

机械手在专用机床及自动生产线上的应用十分广泛，主要用于搬动或装卸零件的重复动作，以实现生产自动化。本设计中的机械手采用关节式结构，各动作由液压驱动，并由电磁阀控制。动作顺序及各动作时间的间隔采用按时间原则控制的可编程序控制系统。

机械手的结构如图 4-15 所示。它主要由手指、手腕、小臂和大臂等几部分组成。料架为旋转式，由料盘和棘轮机构组成，每次转动一定的角度（由工件数决定）以保证待加工零件对准机械手。

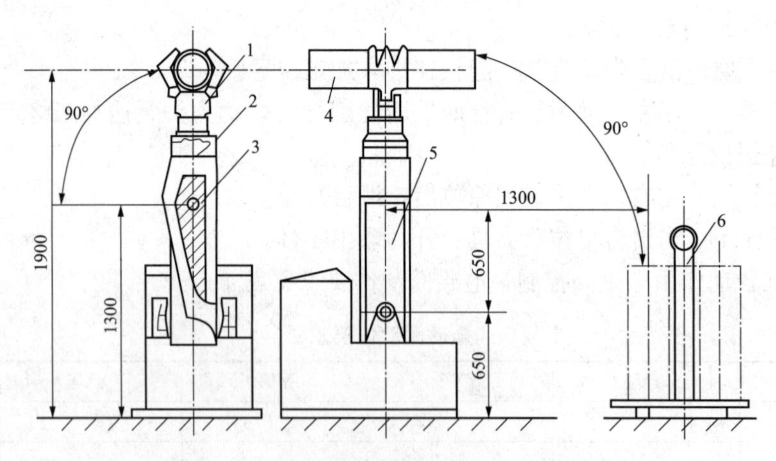

图 4-15　机械手的外形及其与料架的配置

1—手部；2—手腕；3—小臂；4—工件；5—大臂；6—料架

机械手各动作与相应电磁阀动作的关系见表 4-5。

表 4-5　电磁阀状态表

		YV1	YV2	YV3	YV4	YV5	YV6	YV7	YV8	YV9	YV10	YV11
手指的夹紧与放松	夹紧	+										
	放松		+									

续表

		YV1	YV2	YV3	YV4	YV5	YV6	YV7	YV8	YV9	YV10	YV11
手腕横向移动（左右移动）	左移			+								
	右移				+							
小臂的伸缩	伸					+						
	缩						+					
小臂上下摆动	上摆							+				
	下摆								+			
大臂上下摆动	上摆									+		
	下摆										+	
料架转动												+

以镗孔专用机床加工零件的上料、下料为例，机械手的动作顺序是：由原始位置将已加工好的工件卸下，放回料架，等料架转过一定角度后，再将来加工零件拿起，送到加工位置，等待镗孔加工结束，再将加工完毕的工件放回料架，如此重复循环。

具体动作顺序是：原始位置（装好工件等待加工位置，其状态是大手臂竖立，小手臂伸出并处于水平位置，手腕横移向右，手指松开）→手指夹紧（抓住卡盘上的工件）→松卡盘→手腕左移（从卡盘上卸下已加工好的工件）→小手臂上摆→大手臂下摆→手指松开（工件放回料架）→小手臂收缩→料架转位→小手臂伸出→手指夹紧（抓住未加工零件）→大手臂上摆（取送零件）→小手臂下摆→手腕右移（将工件装到机床的主轴卡盘中）→卡盘收紧→手指松开，等待加工。

根据表 4 - 4 及各动作中机械的状态，便可以自行列出各动作中对 YV1～YV11 线圈的通电要求。

2. 设计要求

(1) 加工中上料、下料各动作采用自动循环。

(2) 各动作之间应有一定的延时（由 PLC 定时器调节）。

(3) 机械手各部分应能单独动作，以便于调整及维修。

(4) 油泵电动机（采用 JD3 - 100L，3kW）及各电磁阀运行状态应有指示。

(5) 应有必要的电气保护与连锁环节。

3. 设计任务

(1) 根据控制要求设计程序及必要的硬件系统。

(2) PLC 选型及 I/O 口分配、电器元件选择。

(3) 绘制梯形图。

(4) 设计并绘制下列工艺图纸中的一种：①元器件配置图、底板加工图；②控制面板布置及接线图、面板加工图；③电气箱图、总接线图。

(5) 编写设计、使用说明书、设计小结及参考资料目录。

4.5.5 课题五：深孔钻可编程序控制系统设计

1. 设备概况介绍

深孔钻是加工深孔的专用设备。在钻深孔时，为保证零件的加工质量，提高工效，加工中钻头冷却和定时排屑是需要解决的主要问题。本设备设计中，通过液压、电气控制的密切配合，实现定时自动排屑（按时间原则控制）。为提高加工效率，液压系统通过电磁阀控制，使主轴有快进、慢进和工进等几种运动速度。图 4－16 所示是它的工作循环图。

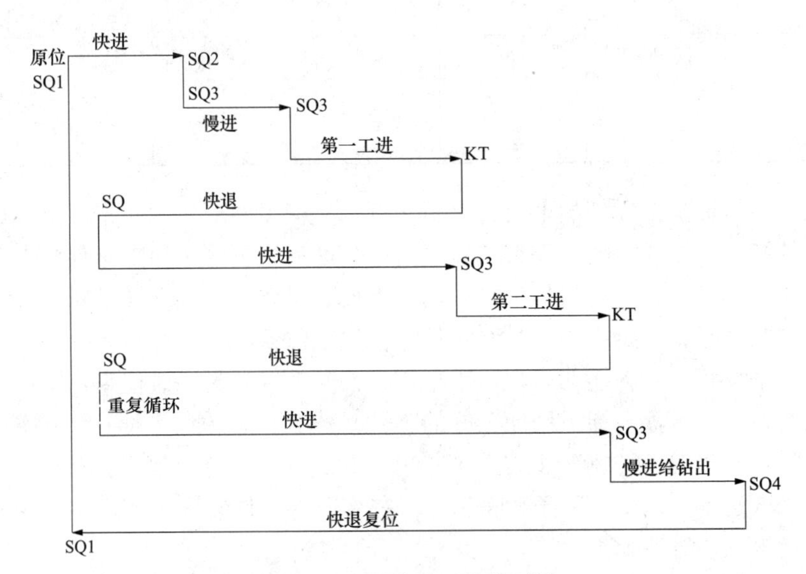

图 4－16 深孔钻工作循环图

油泵电动机为 JD3－100L（容量为 3kW），主轴拖动电动机为 JO2－31－6（1.5kW），电磁阀采用直流 24V 电源。电磁阀的动作节拍见表 4－6。

表 4－6 **电磁阀状态表**

	快进	慢进	一工进	快退	快进	二工进	快退	快进	慢进钻出	快退复位
YV1	+	+	+		+	+		+	+	
YV2		+							+	
YV3		+	+			+			+	
YV4				+			+			+

图 4－17 是深孔钻的结构示意图，其动作原理如下。

（1）原位。原位时挡铁 2 压着原位行程开关 SQ1，慢进给挡铁 4 支承在向前挡铁 3 上，终点复位挡铁 8 被拉杆 9 顶住。

（2）快速前进。当发出启动信号后，电磁阀 YV1 通电，三位五通换向阀右移，主轴快速前进，带着拉杆 1 及拉杆 1 上可滑动的工作进给挡铁 5 一起前进。

（3）慢进给。当快进到慢进给挡铁 4 压下 SQ2，导致电磁阀 YV2 通电，与此同时，工作进给挡铁 5 也压下 SQ3，使 YV3 通电，这样 YV1、YV2、YV3 均得电，于是主轴转为

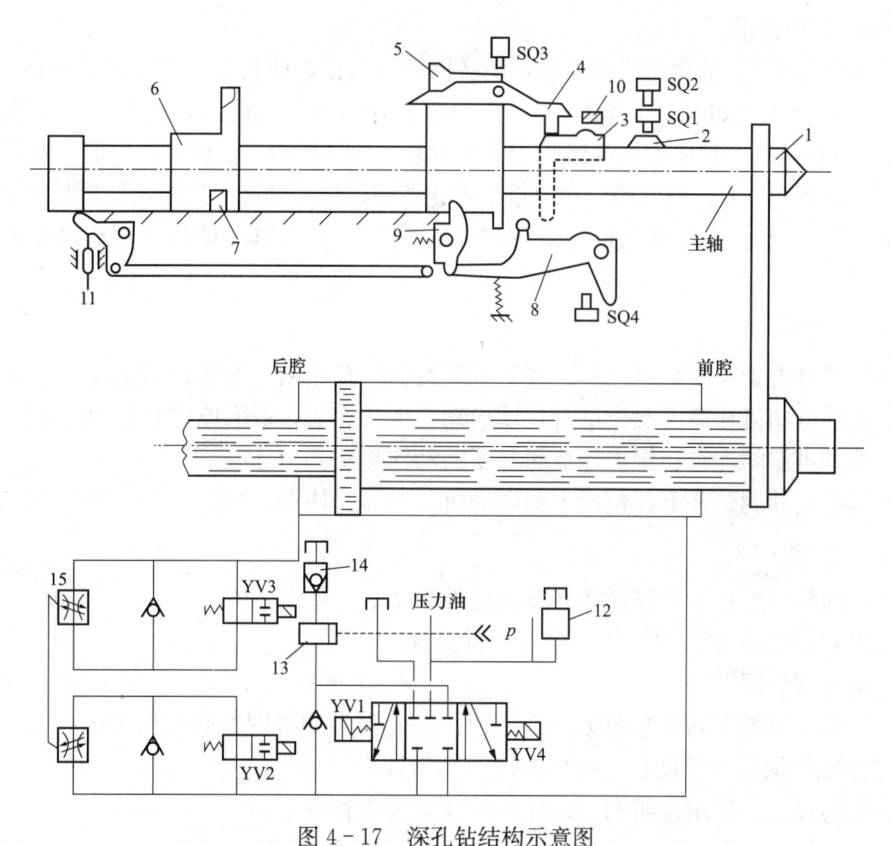

图 4-17　深孔钻结构示意图

1—拉杆；2—原位挡铁；3—向前挡铁；4—慢进给挡铁；5—工作进给挡铁；
6—终点挡铁；7—终点螺钉；8—终点复位挡铁；9—杠杆；10—死挡铁；
11—复位推杆；12—安全阀；13—程序阀；14—反压阀；15—节流阀

慢进给，并带着拉杆 1 及工作进给挡铁 5 同时慢进。此时，主轴电动机自动启动。

（4）工作进给。当慢进到工作进给挡铁 5 顶在死挡铁 10 上时，挡铁 5 不再前进。但由于拉杆 1 被主轴带着继续前进，于是挡铁 5 在拉杆上滑动，同时向前挡铁 3 将离开慢进给挡铁 4 使 SQ2 松开，YV2 断电。主轴转为正常工作进给速度加工（第一工进）。

（5）快退排屑。由定时器控制工作进给时间，由它发出信号，使 YV1、YV3 断电，同时接通 YV4，使主轴快退排屑，在主轴带动下，拉杆 1 及挡铁 5 一起后退。

（6）再次快速前进。当快退到挡铁 3 压下原位开关 SQ1 时，YV4 断电，并使 YV1 再次得电，主轴快进，但由于第一次工进时，已使挡铁 5 在拉杆 1 上后移一段距离（正好等于钻孔深度），所以慢进挡铁 4 离开挡铁 3，SQ2 不会受压，因而快进不会转为慢进，而是一直快进到挡铁 5 顶在死挡铁 10 上。

（7）重复进给。挡铁 5 再次压下 SQ3，YV3 又得电，转为工进（从上次钻孔深度处开始），由定时器控制进给时间，然后又转为快退排屑，如此多次循环。

（8）慢进给钻出。每工进一次，挡铁 5 就在拉杆 1 上后移一段距离，经多次重复，使挡铁 5 逐渐向终点挡铁 6 靠拢，然后由终点挡铁 6 之凸块拨转挡铁 4，使 SQ2 受压，主轴慢进给钻出，到达终点，并推动杠杆 9，放开高位挡铁 8，并压下 SQ4，使 YV1 断电，

YV4 得电，主轴快退。

(9) 复位。挡铁 5 后退一段距离后，即被挡铁 8 钩住，使其沿拉杆 1 向前滑动，直到挡铁 3 通过 SQ 3（因 SQ4 受压，故压下 SQ1 不起作用），并顶开挡铁 8，从而放开挡铁 5 和 SQ4，挡铁 8 由杠杆 9 顶住，原位挡铁 2 压下 SQ1，YV4 断电，主轴停止后退，恢复原位。

在加工过程中，若出现故障，可以按下停止按钮，使主轴停止进给，然后再按动力头上的复位推杆 11，拨动终点复位挡铁 8，使 SQ4 受压发出快退复位指令，从而恢复到初始状态。

2. 设计要求

(1) 在工件夹紧及油泵启动后，按下开工按钮，开始钻孔并能自动完成半自动循环。

(2) 主轴电动机在第一次快进时自动启动，加工完成，退回原位时自动停止。

(3) 具有可靠的连锁、保护环节和必要的动作显示。

(4) 具有点动调整环节，包括主轴电动机的启停、快退、慢进、工进等点动控制。

3. 设计任务

(1) 根据控制要求设计程序及必要的硬件系统。

(2) PLC 选型及 I/O 口分配、电器元件选择。

(3) 绘制梯形图。

(4) 设计并绘制下列工艺图纸中的一种：①元器件配置图、底板加工图；②控制面板布置及接线图、面板加工图；③电气箱图、总接线图。

(5) 编写设计、使用说明书、设计小结及参考资料目录。

4.5.6 课题六：全自动双面钻可编程序控制系统设计

1. 设备概况介绍

全自动双面钻是对棒料两面同时进行钻孔或扩孔加工的专用机床。这种机床的自动程度较高，能自动上、下料，自动进、退刀，并且有可靠的危险区保护装置。其工作示意图如图 4－18所示。

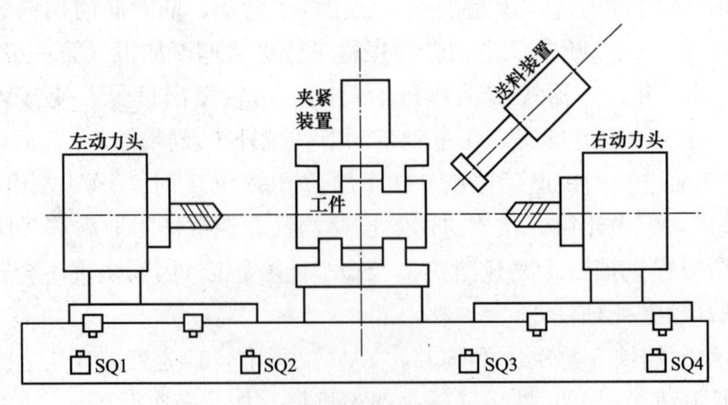

图 4－18　全自动双面钻结构示意图

双面钻由液压系统控制进给运动，动力头的主轴由 JO_2-Z_1-4 电动机驱动，各运动采用行程原则控制，动力头进退及上、下料采用液压传动，油泵电动机为 3kW。

2. 设计要求

(1) 料斗中有料时，按下开工按钮后，能自动工作下去，实现自动循环。

(2) 当只要求加工一只零件时，要求加工完毕能自动退回原位，并自动停车。

(3) 动力头主轴、滑台能点动操作，以便调整钻孔深度。

(4) 主轴只要求单向运转，离开原位能自动启动，回到原位则自动停止。

(5) 单机操作能进行一面加工，并且能实现自动循环。

(6) 具有紧急停止和危险区保护环节。

(7) 具有必要的显示、保护、连锁环节。

3. 设计任务

(1) 根据控制要求设计程序及必要的硬件系统。

(2) PLC 选型及 I/O 口分配、电器元件选择。

(3) 绘制梯形图。

(4) 设计并绘制下列工艺图纸中的一种：①元器件配置图、底板加工图；②控制面板布置及接线图、面板加工图；③电气箱图、总接线图。

(5) 编写设计、使用说明书、设计小结及参考资料目录。

4.5.7 课题七：成型磨床可编程序控制系统设计

1. 设备概况介绍

本机床用于各种特殊要求型面的磨削加工，机床由四台电动机拖动，即磨头电动机拖动砂轮高速旋转，采用 JW_{11}-4（0.6kW）单向连续工作；油泵电动机拖动油泵向液压系统供油，采用 JO_2-14-4（0.8kW）单向连续工作；磨头升降电动机带动砂轮架上下移动，采用 JW_{11}-4 正、反转工作；吸尘电动机供磨削加工时吸尘用，采用 JW_{11}-4 驱动。

加工时，工件置于电磁吸盘（36V/1.2A）上，加工完毕后退磁取下工件。

2. 设计要求

(1) 为调整砂轮位置，磨头升降采用点动控制。为了保证停位准确，应有制动控制（采用能耗制动）。上下极限位置应有位置保护。在磨削加工中应保证砂轮架不能升降移动。

(2) 磨头砂轮运转与电磁吸盘之间应有电气连锁环节，其要求是：只有在电磁吸盘通电，并处于充磁吸着工件时，才能启动砂轮电动机。磨削中，一旦发生失磁，砂轮电动机应自动停止运转，以确保安全。为了修整砂轮，在吸盘不通电时，应能单独启动砂轮电动机。

(3) 要有照明和必要的灯光显示。

(4) 设置必要的电气保护与连锁。

3. 设计任务

(1) 根据控制要求设计程序及必要的硬件系统。

(2) PLC 选型及 I/O 口分配、电器元件选择。

(3) 绘制梯形图。

(4) 设计并绘制下列工艺图纸中的一种：①元器件配置图、底板加工图；②控制面板布置及接线图、面板加工图；③电气箱图、总接线图。

(5) 编写设计、使用说明书、设计小结及参考资料目录。

4.5.8 课题八：专用榫齿铣可编程序控制系统设计

1. 设备概况介绍

榫齿铣是用于某型发动机叶片根部榫齿铣削加工的一种高效专用铣床，由四台电动机拖动，即铣刀主轴拖动电动机 M1 为 1.7kW，960r/min；铣刀架工进拖动电动机 M2 为 1kW，1440r/min；铣刀架快进拖动电动机 M3 为 1kW，2860r/min；冷却泵拖动电动机 M4 为 0.125kW，2900r/min。

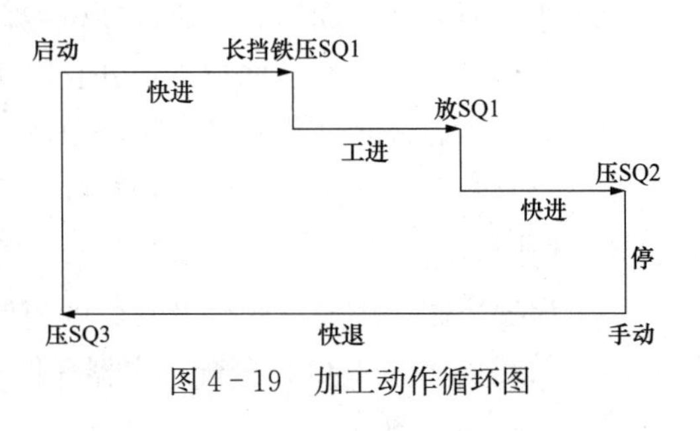

图 4－19　加工动作循环图

根据加工工艺要求，其动作循环如图 4－19所示。

2. 设计要求

(1) 具有两种控制选择，即加工时的连动循环及调整中的单机点动（快进、工进与快退）。

(2) 有照明及必要的灯光显示。

(3) 有必要的电气保护与连锁。

3. 设计任务

(1) 根据控制要求设计程序及必要的硬件系统。

(2) PLC 选型及 I/O 口分配、电器元件选择。

(3) 绘制梯形图。

(4) 设计并绘制下列工艺图纸中的一种：①元器件配置图、底板加工图；②控制面板布置及接线图、面板加工图；③电气箱图、总接线图。

(5) 编写设计、使用说明书、设计小结及参考资料目录。

4.5.9 课题九：拣球装置的可编程序控制系统设计

1. 拣球装置概况

拣球装置是用于分拣小球、大球的机械装置。其结构示意图如图 4－20 所示。油泵电动机拖动油泵向液压系统供油，采用 JO_2－14－4（0.8kW）型电动机单向连续工作。其他动作由电磁阀控制。

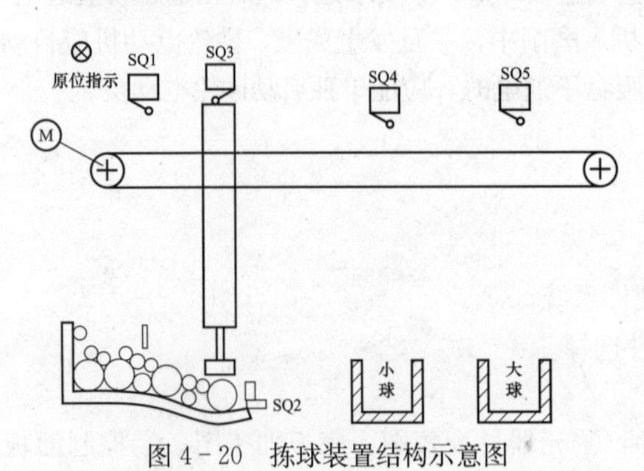

图 4－20　拣球装置结构示意图

2. 设计要求

按下启动按钮 SB1，下降电磁阀 YV0 吸合，延时 7s 后，下降电磁阀 YV0 断开，吸合电磁阀 YV1 吸合，若是小球，则吸盘碰到下限行程开关 SQ2；若是大球，则吸盘不碰到下限行程开关 SQ2。上升电磁阀 YV2 吸合，然后吸盘碰到上限开关 SQ3 压合，上升电磁阀 YV2 断开，右移电磁阀 YV3 吸合，若是小球，吸盘碰到小球右限开关 SQ4 压合，右移电磁阀 YV3 断开，下降电磁阀 YV0 吸合；若是大球，吸盘碰到大球右限开关 SQ5 压合，右移电磁阀 YV3 断开，下降电磁阀 YV0 吸合，然后吸盘碰到下限行程开关 SQ2 压合，吸合电磁阀 YV1 断开，下降电磁阀 YV0 断开，上升电磁阀 YV2 吸合，吸盘碰到上限开关 SQ3 压合，上升电磁阀 YV2 断开，左移电磁阀 YV4 吸合，吸盘碰到左限开关 SQ1 压合，左移电磁阀 YV4 断开，如此便完成了一个循环。吸合电磁阀抓球和释放球的时间均为 1s。

设有一个停止按钮 SB2，当按下 SB2 后，一定要等到拣球装置回到原位后再停止。

3. 设计任务

(1) 根据控制要求设计程序及必要的硬件系统。

(2) PLC 选型及 I/O 口分配、电器元件选择。

(3) 绘制梯形图。

(4) 设计并绘制下列工艺图纸中的一种：①元器件配置图、底板加工图；②控制面板布置及接线图、面板加工图；③电气箱图、总接线图。

(5) 编写设计、使用说明书、设计小结及参考资料目录。

4.5.10 课题十：喷水池装置的可编程序控制系统设计

1. 设备概况介绍

红、黄、蓝三色灯为 100W，油泵电动机拖动油泵向液压系统供油，采用 JO_2-14-4 (0.8kW) 电动机单向连续工作。其他动作由电磁阀控制。

2. 设计要求

喷水池有红、黄、蓝三色灯、两个喷水龙头和一个带动龙头的电磁阀。按下启动按钮 SB1 开始动作，喷水池的动作以 45s 为一个循环，每 5s 为一个节拍，连续工作 3 个循环后，停止 10s，如此不断循环，直到按下停止按钮 SB2 后，完成一个循环，整个工艺停止。

灯、喷水龙头和电磁阀的动作安排见表 4-7。状态表中在该设备有输出的节拍下显示＋，无输出为空白。

表 4-7 通电状态表

设备 \ 节拍	1	2	3	4	5	6	7	8	9
红灯		＋					＋		
黄灯				＋	＋			＋	
蓝灯		＋	＋	＋	＋				
喷水龙头 A					＋	＋		＋	＋
喷水龙头 B		＋	＋			＋	＋	＋	
电磁阀		＋	＋	＋	＋	＋	＋	＋	

3. 设计任务

(1) 根据控制要求设计程序及必要的硬件系统。

(2) PLC 选型及 I/O 口分配、电器元件选择。

(3) 绘制梯形图。

(4) 设计并绘制下列工艺图纸中的一种：①元器件配置图、底板加工图；②控制面板布置及接线图、面板加工图；③电气箱图、总接线图。

(5) 编写设计、使用说明书、设计小结及参考资料目录。

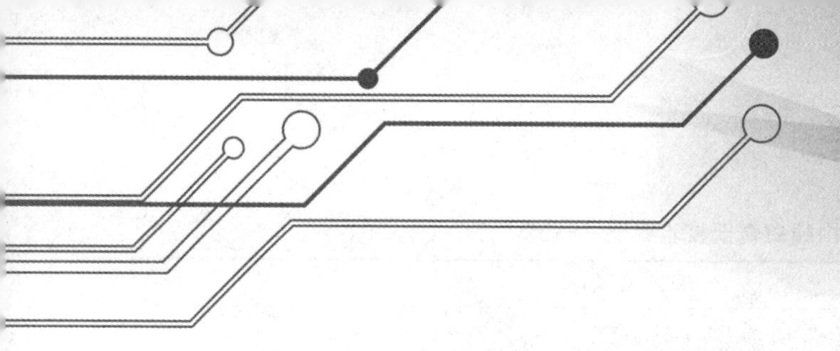

附录A 特殊寄存器（SM）标志位

表 A-1 状态位（SMB0）

SM 位	说明
SM0.0	CPU 运行时，该位始终为 1
SM0.1	该位在首次扫描时为 1
SM0.2	若保持数据丢失，则该位在一个扫描周期中为 1
SM0.3	开机后进入 RUN 方式，该位将接通一个扫描周期
SM0.4	该位提供周期为 1min、占空比为 50%的时钟脉冲
SM0.5	该位提供周期为 1s、占空比为 50%的时钟脉冲
SM0.6	该位为扫描时钟，本次扫描时置 1，下次扫描时置 0
SM0.7	该位指示 CPU 工作方式开关的位置（0 为 TERM 位置，1 为 RUN 位置）。在 RUN 位置时，该位可使自由端口通信方式有效；在 TERM 位置时，可与编程器正常通信

表 A-2 状态位（SMB1）

SM 位	说明
SM1.0	执行某些指令，其结果为 0 时，该位为 1
SM1.1	执行某些指令，其结果溢出或查处非法数值时，该位为 1
SM1.2	执行数学运算，其结果为负数时，该位为 1
SM1.3	试图除以 0 时，该位为 1
SM1.4	当执行 ATT（Add to Table）指令，试图超出表范围时，该位为 1
SM1.5	当执行 LIFO 或 FIFO 指令，试图从空表中读数据时，该位置 1
SM1.6	当试图把一个非 BCD 数转换为二进制数，该位置 1
SM1.7	当 ASCII 码不能转换为有效的十六进制数时，该位置 1

表 A-3 自由端口接收字符缓冲区（SMB2）

SM 位	说明
SMB2	在自由端口通信方式下，该字符存储从端口 0 或 1 接收到的每一个字符

表 A-4　自由端口奇偶校验错误（SMB3）

SM 位	说明
SM3.0	端口 0 或 1 的奇偶校验错（0 为无错，1 为有错）
SM3.1～SM3.7	保留

注　SMB2 和 SMB3 与端口 0 和 1 公用。当端口 0 接收到字符并使得与该事件（中断事件 8）相连的中断程序执行时，SMB2 包含 0 口接收到的字符，而 SMB3 包含该字符的校验位状态。当端口 1 接收到的字符并使得与该事件（中断事件 25）相连的中断程序执行时，SMB2 包含 1 口接收到的字符，而 SMB3 包含该字符的校验位状态。

表 A-5　中断允许、对列溢出、发送空闲标志位（SMB4）

SM 位	说明
SM4.0	当通信中断队列溢出时，该位置 1
SM4.1	当输入中断队列溢出时，该位置 1
SM4.2	当定时中断队列溢出时，该位置 1
SM4.3	当运行时刻发现编程问题时，该位置 1
SM4.4	该位指示全局允许位，当允许中断时，该位置 1
SM4.5	当（端口 0）发送空闲时，该位置 1
SM4.6	当（端口 1）发送空闲时，该位置 1
SM4.7	发生强置时，该位置 1

注　只有在中断程序里，才使用状态位 SM4.0、SM4.1 和 SM4.2。当队列为空时，将这些状态位复位（置 0），并返回程序。

表 A-6　I/O 错误状态位（SMB5）

SM 位	说明
SM5.0	当有 I/O 错误时，该位置 1
SM5.1	当有 I/O 总线上连接了过多的数字量 I/O 点时，该位置 1
SM5.2	当有 I/O 总线上连接了过多的模拟量 I/O 点时，该位置 1
SM5.3	当有 I/O 总线上连接了过多的智能量 I/O 点时，该位置 1
SM5.4～SM5.7	保留

表 A-7　CPU 识别（ID）寄存器（SMB6）

SM 位	说明
格式	MSB 7 … LSB 0 x x x x r r r r
SM6.0～SM6.3	保留
SM6.4～SM6.7	xxxx＝0000 CPU222 ＝0010 CPU224 ＝0110 CPU221 ＝1001 CPU226/CPU226XM

表 A-8　　I/O 模块识别和错误寄存器（SMB8～SMB21）

<table>
<tr><th>SM 位</th><th>说明</th></tr>
<tr><td>格式</td><td>偶数字节：模块 ID 寄存器
MSB 7 … LSB 0
| m | t | t | a | i | i | q | q |
m：模块存在 0 为有模块；1 为无模块
tt：模块类型　00 为非智能模块；01 为智能模块；10、11 为保留
a：I/O 类型　0 为开关量；1 为模拟量
ii：输入　00 为无输入；01 为 2AI 或 8DI；10 为 4AI 或 16DI；11 为 8AI 或 32DI
qq：输出　00 为无输出；01 为 2AQ 或 8DQ；10 为 4AQ 或 16DQ；11 为 8AQ 或 32DQ
奇数字节：模块 ID 寄存器
MSB 7 … LSB 0
| c | 0 | 0 | b | r | p | f | t |
c：配置错误　0 为无错误；1 为错误（下同）
b：总线错误或效验错误
r：超范围错误
p：无用户电源错误
f：熔断器错误
t：端子块松开错误</td></tr>
<tr><td>SM8、SM9</td><td>模块 0 识别（ID）寄存器、模块 0 错误寄存器</td></tr>
<tr><td>SM10、SM11</td><td>模块 1 识别（ID）寄存器、模块 1 错误寄存器</td></tr>
<tr><td>SM12、SM13</td><td>模块 2 识别（ID）寄存器、模块 2 错误寄存器</td></tr>
<tr><td>SM14、SM15</td><td>模块 3 识别（ID）寄存器、模块 3 错误寄存器</td></tr>
<tr><td>SM16、SM17</td><td>模块 4 识别（ID）寄存器、模块 4 错误寄存器</td></tr>
<tr><td>SM18、SM19</td><td>模块 5 识别（ID）寄存器、模块 5 错误寄存器</td></tr>
<tr><td>SM20、SM21</td><td>模块 6 识别（ID）寄存器、模块 6 错误寄存器</td></tr>
</table>

表 A-9　　扫描时间寄存器（SMW22～SMW26）

SM 字	说明
SMW22	上次扫描时间
SMW24	进入 RUN 方式后所记录的最短扫描时间
SMW26	进入 RUN 方式后所记录的最长扫描时间

表 A-10　　模拟电位器（SMB28～SMB29）

SM 位	说明
SMB28	存储模拟调节 0 的输入值。在 STOP/RUN 方式下，每次扫描时更新该值
SMB29	存储模拟调节 1 的输入值。在 STOP/RUN 方式下，每次扫描时更新该值

表 A-11　　自由端口控制寄存器（SMB30 和 SMB130）

端口 0	端口 1	说明
SMB30 格式	SMB130 格式	自由口模式控制字节 MSB　　　　LSB P P | D | B | B | B | M | M
SM30.0 和 SM30.1	SM130.0 和 SM130.1	MM：协议选择 00 为 PPI/从站模式（默认设置）；01 为自由口协议 10 为 PPI/主站模式；11 为保留
SM30.2 到 SM30.4	SM130.2 到 SM130.4	BBB：自由口波特率。 000 为 38400bps；001 为 19200 bps 010 为 9600 bps；011 为 4800 bps 100 为 2400 bps；101 为 1200 bps 110 为 113.2kbps；111 为 57.6 kbps
SM30.5	SM130.5	D：每个字符的数据位 0 表示每个字符 8 位；1 表示每个字符 7 位
SM30.6 和 SM30.7	SM130.6 和 SM130.7	PP：效验选择 00 为无奇偶效验；01 为偶效验 10 为无奇偶效验；11 为奇效验

表 A-12　　永久存储器（E^2PROM）写控制（SMB31 和 SMW32）

SM 位	说明（只读）
格式	SMB31：软件命令 MSB　　　　LSB 7　　　　0 c | 0 | 0 | 0 | 0 | 0 | s | s SMW32：V 存储器地址 MSB　　　　LSB 7　　　　0
SMB31.0 和 SMB31.1	ss：被存储数据类型。00 表示字节；01 表示字；10 表示字节；11 表示双字
SMB31.7	s：存入永久存储器。 0 表示无执行存储器操作的请求； 1 表示用户程序申请向永久存储器存储数据，每次存储操作完成后 S7-200 复位该位
SMW32	SMW32 中时所存数据 V 存储器地址，该值是相对于 V0 的偏移量。当执行存储命令时，把该数据存到永久存储器中的相应位置

表 A-13　定时中断的时间间隔寄存器（SMB34 和 SMB35）

SM 位	说明
SMB34	定义定时中断 0 时间间隔（1～255ms，以 1ms 为增量）
SMB35	定义定时中断 1 时间间隔（1～255ms，以 1ms 为增量）

附录B S7-200错误代码

B1 严重错误代码和信息

严重错误将导致 S7 - 200 停止执行程序。根据错误的严重程度，严重错误将使 S7 - 200 失去执行某些函数或者所有函数的能力。处理严重错误的目的是要使 S7 - 200 恢复到安全状态，S7 - 200 可据此对关于现有错误条件的询问做出反应。

当检测到严重错误时，S7 - 200 完成下列任务。

（1）切换到 STOP（停止）模式。

（2）点亮“系统故障 LED”和“停止 LED”。

（3）断开输出。

S7 - 200 将保持此条件，直到严重错误被改正。要查看错误代码，则可以从主菜单栏选择“PLC→Information（信息）”菜单命令。从 S7 - 200 读取的严重错误代码见表 B - 1。

表 B - 1　从 S7 - 200 读取的严重错误代码和信息

错误代码	描述
0000	没有严重错误显示
0001	用户程序检验和出错
0002	编译的梯形程序检验和出错
0003	扫描监视程序超时出错
0004	内部 EEPROM 故障
0005	用户程序上的内部 EEPROM 检验和出错
0006	配置（SDB0）参数内部 EEPROM 检验和出错
0007	强制数据的内部 EEPROM 检验和出错
0008	默认输出表数值内部 EEPROM 检验和出错
0009	用户数据，DB1 的内部 EEPROM 检验和出错
000A	内部磁带故障
000B	用户程序内存磁带检验和出错
000C	配置（SDB0）参数内存磁带检验和出错
000D	强制数据的内存磁带检验和出错
000E	默认输出表数值内存磁带检验和出错
000F	用户数据，DB1 的内存磁带检验和出错
0010	内部软件出错
0011*	比较节点间接地址出错
0012*	比较节点非法浮点数数值

续表

错误代码	描述
0013*	内存磁带空白，或者 S7－200 不理解程序
0014*	比较节点范围出错

注＊比较节点出错是产生严重和非严重错误条件的仅有的错误。产生非严重错误条件的原因是保持出错的程序地址。

B2 运行系统程序问题

在正常执行程序期间，用户程序可以创建非严重错误条件（如编址错误）。在这种情况下，S7－200 产生非严重运行系统错误代码。非严重错误代码的描述见表 B－2。

表 B－2　　运行系统程序问题

错误代码	描述
0000	没有严重错误显示：无错
0001	在执行 HDEF 框之前，HSC 框启用
0002	输入中断的冲突分配给已分配给 HSC 的点
0003	输入的冲突分配给已分配给输入中断或其他 HSC 的 HSC
0004	在中断例行程序中尝试执行 ENI、DISI、SPA 或 HDEF 指令
0005	在完成第一次之前，尝试执行具有相同编号的第二次 HSC/PLS（中断例行程序中的 HSC/PLS 与在主程序中的 HSC/PLS 冲突）
0006	间接地址出错
0007	TODW（日的时间写）或 TODR（日的时间读）数据出错
0008	最大用户子例行程序嵌套层超出
0009	在端口 0 同时执行 XMT/RCV 指令
000A	通过执行另一个 HDEF 指令尝试为相同的 HSC 重新定义 HSC
000B	在端口 1 同时执行 XMT/RCV 指令
000C	时钟磁带不为 TODR、TODW 或通信的存取显示
000D	尝试当它为激活时重新定义脉冲输出
000E	PTO 图形段的数目设置为 0
000F	比较节点指令中的非法数字值
0091	范围出错（带有地址信息）：检查操作数范围
0092	指令的计数域中出错（带有计数信息）：校验最大计数大小
0094	写入至带有地址信息的非易失内存的范围出错
009A	当在用户中断时尝试切换到“自由端口”模式
009B	非法的索引（指定起始位置数值 0 的字符串操作）

B3 编译规则违反

当下载程序时，S7－200 编译程序。如果 S7－200 检测到程序违反编译规则（如非法

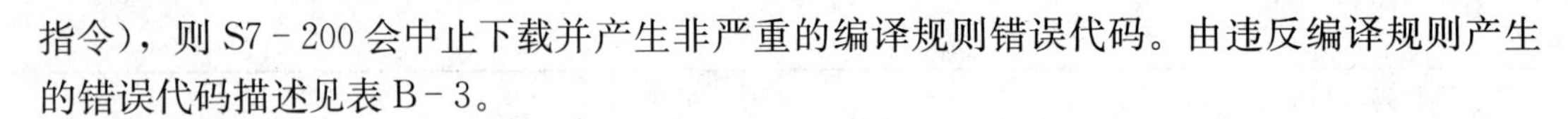

指令)，则 S7－200 会中止下载并产生非严重的编译规则错误代码。由违反编译规则产生的错误代码描述见表 B－3。

表 B－3　　编译规则违反

错误代码	编译出错（非严重）
0080	程序太大而无法编译：减少程序大小
0081	堆栈下溢：将程序段拆分为多个程序段
0082	非法指令：检查指令助记符
0083	丢失 MEND 或指令不允许在主程序中：添加 MEND 指令，或删除不正确指令
0084	保留
0085	丢失 FOR：添加 FOR 指令或删除 NEXT 指令
0086	丢失 NEXT：添加 NEXT 指令或删除 FOR 指令
0087	丢失标签（LBL、INT、SBR）：添加合适的标签
0088	丢失 RET 或指令不允许在子程序中：添加 RET 到子程序的结尾或删除不正确的指令
0089	丢失 RETI 或指令不允许在中断程序中：添加 RETI 到中断程序的结尾或删除不正确的指令
008A	保留
008B	非法 JMP 到或从 SCR 程序段
008C	复制标签（LBL、INT、SBR）：重命名标签之一
008D	非法标签（LBL、INT、SBR）：确保允许的标签数没有超出
0090	非法的参数：校验指令允许的参数
0091	范围出错（带有地址信息）：检查操作数范围
0092	指令的计数域中错误（带有计数信息）：校验最大计数大小
0093	FOR/NEXT 嵌套层超出
0095	丢失 LSCR 指令（载入 SCR）
0096	丢失 SCRE 指令（SCR 结束）或在 SCRE 指令前不接收指令
0097	用户程序包未编的或编号的 EV/ED 指令
0098	在 RUN（运行）模式中的非法编辑（尝试在程序中用未编号的 EV/ED 指令编辑）
0099	太多的隐藏程序段（“隐藏”指令）
009B	非法的索引（指定起始位置数值 0 的字符串操作）
009C	最大指令长度超出

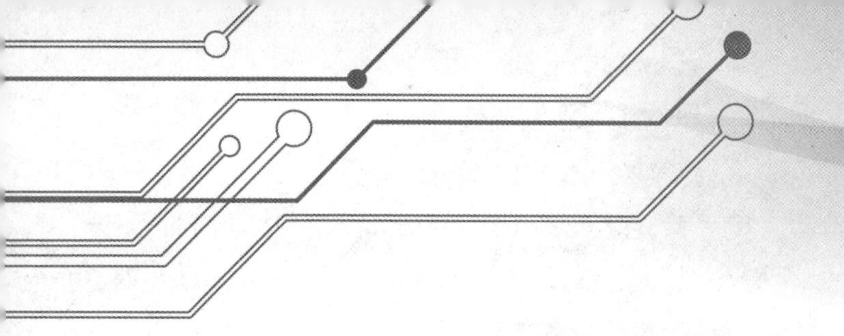

附录C S7-200中断事件说明

表C-1 以优先级顺序的中断事件

事件编号	中断说明	优先级组	组中的优先级
8	端口0：接收字符	通信（最高）	0
9	端口0：传输完成		0
23	端口0：接收信息完成		0
24	端口1：接收信息完成		1
25	端口1：接收字符		1
26	端口1：传输完成		1
19	PTO0完成中断	离散（中）	0
20	PTO1完成中断		1
0	I0.0，上升边沿		2
2	I0.1，上升边沿		3
4	I0.2，上升边沿		4
6	I0.3，上升边沿		5
1	I0.0，下降边沿		6
3	I0.1，下降边沿		7
5	I0.2，下降边沿		8
7	I0.3，下降边沿		9
12	HSC0 CV=PV（当前值=预设值）		10
27	HSC0方向改变		11
28	HSC0外部重设		12
13	HSC1 CV=PV（当前值=预设值）		13
14	HSC1方向改变		14
15	HSC1外部重设		15
16	HSC2 CV=PV（当前值=预设值）		16
17	HSC2方向改变		17
18	HSC2外部重设		18
32	HSC3 CV=PV（当前值=预设值）		19
29	HSC4 CV=PV（当前值=预设值）		20
30	HSC4方向改变		21
31	HSC4外部重设		22
33	HSC5 CV=PV（当前值=预设值）		23
10	定时中断0	定时（最低）	0
11	定时中断1		1
21	定时器T32 CT=PT中断		2
22	定时器T96 CT=PT中断		3

附录D S7-200仿真软件的使用

学习 PLC 时除了阅读教材和用户手册以外，更重要的是要动手编程和上机调试。许多读者因为没有 PLC，缺乏实验条件，编写的程序无法检验是否正确，因此编程能力很难提高。PLC 的仿真软件是解决这个问题的理想工具。西门子的 S7－300/400 PLC 有非常好的仿真软件 PLC－SIM，而 S7－200 PLC 有一种简单实用的仿真软件 S7 _ 200 汉化版，下面简单介绍其使用方法。

该软件不需要安装，执行其中的 S7 _ 200 汉化版 . exe 文件，就可以使用它。单击屏幕中间出现的画面，在密码输入对话框中输入密码 6596，进入仿真软件。

应该指出，该软件不能模拟 S7－200 的全部指令和全部功能，具体的情况可以通过实验来了解，但是它仍然是一个很好的学习 S7－200 的工具软件。

D1 硬件设置

执行菜单命令“配置→CPU 型号”，在“CPU 型号”对话框的下拉列表中选择 CPU 的型号。用户还可以修改 CPU 的网络地址，一般使用默认的地址（2）。

CPU 模块右边空的方框是扩展模块的位置，双击紧靠已配置的模块右侧的方框，在出现的“配置扩展模块”对话框中选择需要添加的 I/O 扩展模块。双击已存在的扩展模块，在“配置扩展模块”对话框中选择“无”选项可以取消该模块。

图 D－1 所示的 CPU224，0 号扩展模块是 4 通道的模拟量输入模块 EM231，双击模块下面的“Configurar”按钮，在出现的对话框中可以设置模拟量输入的量程。模块下面的 4 个滚动条用来设置各个通道的模拟量输入值。

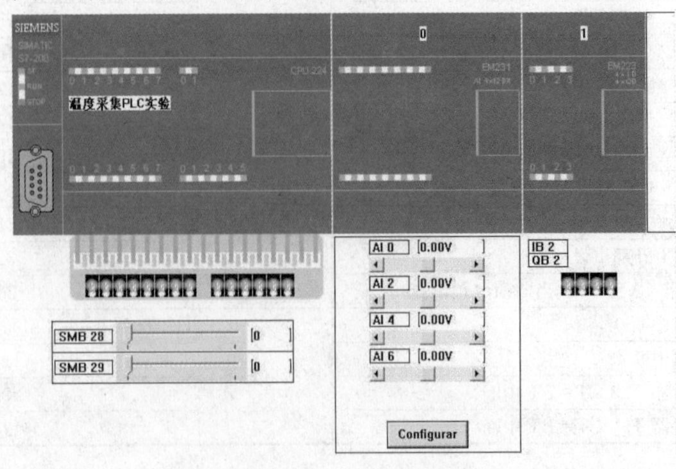

图 D－1 仿真软件画面

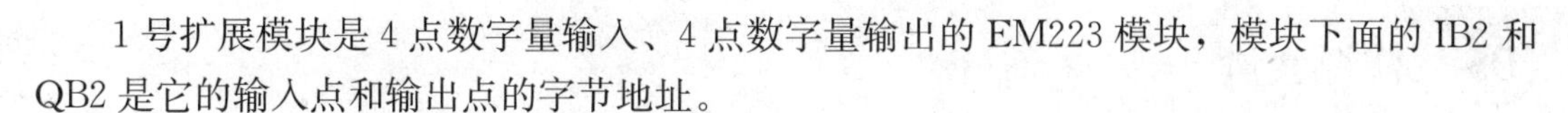

1号扩展模块是4点数字量输入、4点数字量输出的EM223模块，模块下面的IB2和QB2是它的输入点和输出点的字节地址。

CPU模块下面是用于输入数字量信号的小开关板，它上面有14个输入信号用的小开关，与CPU224的14个输入点对应。它的下面有两个直线电位器，SMB28和SMB29是CPU224的两个8位模拟量输入电位器对应的特殊存储器字节，可以用电位器的滑动块来设置它们的值（0～255）。

D2 生成ASCII文本文件

仿真软件不能直接接收S7－200的程序代码，S7－200的用户程序必须用“导出”功能转换为ASCII文本文件后，再下载到仿真软件中去。

在编程软件中打开一个编译成功的程序块，执行菜单命令“文件”→“导出”，或用鼠标右键单击某一程序块，在弹出的菜单中执行“导出”命令，在出现的对话框中输入导出的ASCII文本文件的文件名，默认的文件扩展名为“awl”。

如果选择导出OB1（主程序），则将导出当前项目所有程序（包括子程序和中断程序）的ASCII文本文件的组合。

如果选择导出子程序或中断程序，则只要导出当前打开的单个程序的ASCII文本文件。“导出”命令不能导出数据块，但可以用Windows剪贴板的剪切、复制和粘贴功能导出数据块。

D3 下载程序

生成文本文件后，单击仿真软件工具条中左边第二个按钮可以下载程序，一般选择下载全部块，单击“确定”按钮后，在“打开”对话框中选择要下载的“＊. awl”文件。下载成功后，图C－1所示的CPU模块的中间会出现相应的下载的程序的名称（如图中的“温度采集PLC实验”），同时会出现下载的程序代码文本框，可以关闭该文本框。

如果用户程序中有仿真软件不支持的指令或功能，则可以单击工具条内三角形的“运行”按钮后，不能切换到RUN模式，CPU模块左侧的“RUN”LED的状态不会变化。

如果仿真软件支持用户程序中的全部指令和功能，则单击工具条内的“运行”按钮和正方形的“停止”按钮，会从STOP模式切换到RUN模式，CPU模块左侧的“RUN”和“STOP”LED的状态也随之变化。

D4 模拟调试程序

用鼠标单击CPU模块下面的开关板上小开关上面黑色的部分，可以使小开关的手柄向上，触点闭合，PLC输入点对应的LED变为绿色。图C－1中I0.0和I0.2对应的开关为闭合状态，其余的为断开状态。单击闭合的小开关下面的黑色部分，可以使小开关的手柄向下，触点断开，PLC输入点对应的LED变为灰色。扩展模块的下面也有4个小开关。与用“真正”的PLC做实验相同，对于数字量控制，在RUN模式用鼠标切换各个小开关的通/断状态，改变PLC输入变量的状态，通过模块上的LED观察PLC输出点的状态变化，可以了解程序执行的结果是否正确。

D5 监视变量

执行菜单命令“查看”→“内存监视”，在出现的对话框中（见图 D-2），可以监视 V、M、T、C 等内部变量的值。“开始”和“停止”按钮用来启动和停止监视，用二进制格式监视字节、字和双字，可以在一行中同时监视多个位变量。

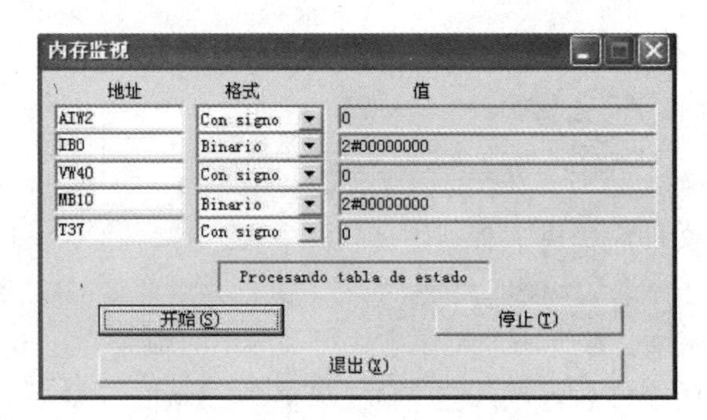

图 D-2　“内存监视”对话框

仿真软件还具有读取 CPU 和扩展模块的信息，设置 PLC 的实时时钟、控制循环扫描的次数和对 TD200 文本显示器仿真等功能。

参 考 文 献

[1] 汤自春. PLC 原理及应用技术 [M]. 北京：高等教育出版社，2006.
[2] 陈建明. 电气控制与 PLC 应用 [M]. 北京：电子工业出版社，2006.
[3] 郭丙君，黄旭峰. 深入浅出 PLC 技术及应用设计 [M]. 北京：中国电力出版社，2008.
[4] 林春方. 可编程控制器原理及其应用 [M]. 上海：上海交通大学出版社，2004.
[5] 郭宗仁，吴亦锋，郭永编. 可编程序控制器应用系统设计及通信网络技术 [M]. 北京：人民邮电出版社，2002.
[6] 袁任光. 可编程序控制器选用手册 [M]. 北京：机械工业出版社，2003.
[7] 张万忠. 可编程控制器应用技术 [M]. 北京：化学工业出版社，2002.
[8] 史国生. 电气控制与可编程控制器技术 [M]. 北京：化学工业出版社，2003.
[9] 廖常初. PLC 编程及应用 [M]. 北京：机械工业出版社，2002.
[10] 张宏林. PLC 应用开发技术与工程实践 [M]. 北京：人民邮电出版社，2008.
[11] 汤以范. 电气与可编程序控制器技术 [M]. 北京：机械工业出版社，2004.
[12] 方承远. 工厂电气控制技术 [M]. 北京：机械工业出版社，1992.
[13] 宫淑贞，王冬青，徐世许. 可编程控制器原理及应用 [M]. 北京：人民邮电出版社，2002.
[14] SIEMENS SIMATIC S7-200 可编程控制器手册 [M]. 2000.
[15] 田淑珍. 可编程控制器原理及应用 [M]. 北京：机械工业出版社，2005.
[16] 王华忠. 监控与数据采集（SCADA）系统及其应用 [M]. 北京：电子工业出版社，2010.
[17] 陈建明. 电气控制与 PLC 应用练习与实践 [M]. 北京：电子工业出版社，2008.
[18] 郭丙君，李鸿升. PLC 在自动焊接线中的应用 [J]. 世界仪表与自动化，2006（6）：22-24.